西北大学"双一流"建设项目资助

Sponsored by First-class Universities and Academic Programs of Northwest University

无机及分析化学实验

WUJI JI FENXI HUAXUE SHIYAN

主　编　李　蓉　吕兴强　付国瑞

西北大学出版社

·西安·

图书在版编目（CIP）数据

无机及分析化学实验 / 李蓉, 吕兴强, 付国瑞主编. 西安 : 西北大学出版社, 2024. 11. -- ISBN 978-7-5604-5546-4

Ⅰ. O61-33；O65-33

中国国家版本馆CIP数据核字第202454MD60号

无机及分析化学实验

WUJI JI FENXI HUAXUE SHIYAN

主　　编　李　蓉　吕兴强　付国瑞
出版发行：西北大学出版社
地　　址：西安市太白北路229号
邮　　编：710069
电　　话：029-88303059
经　　销：全国新华书店
印　　装：西安博睿印刷有限公司
开　　本：787毫米×1092毫米　1/16
印　　张：13.75
字　　数：218千字
版　　次：2024年11月第1版　2024年11月第1次印刷
书　　号：ISBN 978-7-5604-5546-4
定　　价：42.00元

前　言

无机及分析化学实验是化学学科中不可或缺的一部分，它不仅是理论知识与实践操作的紧密结合，更是培养学生实验技能、科学思维和创新能力的重要途径。本教材旨在为学生提供一套系统、全面且实用的实验教材，帮助他们更好地理解和掌握无机化学及分析化学的基本理论和实验技能。

本教材内容由基础知识、无机化学、分析化学和附录 4 部分组成。在实验室基础知识、实验基本操作的基础上，重点围绕无机化学的定性实验及分析化学的定量实验两部分展开。

以定性实验为代表的无机化学实验，旨在向学生提供无机物的一般分离、提纯和制备方法，以及无机化学实验的基本操作和实验技能。按照常见元素的单质和化合物的制备方法、化学性质及特定常数的测定，精选了 2 个经典的无机化合物制备与提纯实验，4 个经典的元素与化合物性质实验。在此基础上，进一步围绕以定性、定量为代表的分析化学实验，按照原理、设备、方法等特性，分别就化学分析、仪器分析实验作了相关介绍。其中，化学分析实验以酸碱、氧化还原、配位、沉淀四大滴定为基础的容量分析实验、重量分析实验为依据，精选了 8 个经典的容量分析实验和 1 个经典的重量分析实验；仪器分析分别按照光学、电学、两相中的分配等理化性能精选了 2 个经典的电化学特性试验，1 个经典的波谱特性试验，2 个经典的两相分配差异的色谱试验。此外，本书还包含了一些与实验相关的背景知识和拓展内容，如常用仪器的使用方法、实验试剂的准备、实验数据的处理、分析方法和撰写规范的实验报告等，这些内容将有助于学生更好地理解和应用实验知识。

本教材由西北大学化工学院教师编写，李蓉、吕兴强、付国瑞担任主编，参编人员具体分工为：第一至四章由吕兴强、付国瑞执笔；前言、第五至八章、附录一由李蓉执笔；附录二由付国瑞、赵君民执笔；附录三由李蓉、王小刚执笔；附录四由李蓉、樊安执笔。

本教材编写过程中，李爽、郭兆琦、陈博、刘露、丁莉、王飞利、元春梅等教师提出了宝贵的意见。本教材能够顺利出版，与西北大学化工学院范代娣院长、刘恩周教学副院长的大力支持与帮助密不可分，在此一并表示衷心的感谢！

在本教材的编写过程中，我们力求内容的准确性和实用性，但难免存在不足之处。我们诚挚地希望广大读者提出宝贵的意见和建议，帮助我们不断改进和完善，共同见证本教材的成长与进步！

编者

2024 年 10 月

目 录

第四部分 附录

第一部分

基础知识

第一章　绪论

无机及分析化学实验是检测物质组成及结构的重要方式，它以实验技术为主要手段，以无机物质的结构和化学性质分析为目的，通过化学或物理方法检测、分析物质的性质及结构，从而确定物质的组成成分。

一、教学目的及教学要求

(一)教学目的

通过实验教学培养学生的基础理论与实验技能、科学思维与实践能力、实验观察与数据分析能力、实验安全与环保意识以及科研兴趣与创新精神。具体的教学要求如下：

(1)巩固和加深对基本知识的理解，使课堂中讲授的重要理论和概念得到验证、巩固。

(2)通过实验掌握操作技能，严格按操作规程进行正确操作，得出正确的数据和结论。

(3)培养独立思考和动手的能力，学会用化学思维和方法去分析、解决化学问题。

(4)培养严谨的工作作风和实事求是的科学态度。

(5)严格遵守实验安全规则和环保要求，增强安全意识，学会正确处理实验废弃物，培养环保意识和社会责任感。

(二)教学要求

旨在确保学生掌握扎实的实验基础知识和技能，并培养学生的科学素养和实践能力。具体的教学要求如下：

(1)实验原理的理解：充分理解实验的原理和目的，并理解实验过程中涉及的化学原理和分析方法。

(2)实验技能的掌握:掌握实验的基本操作技能,并能够正确操作实验仪器和设备。

(3)实验操作的规范性:严格按照实验步骤和操作规程进行实验,注意实验过程中的安全事项。同时,养成良好的实验习惯,如预习、实验数据记录、实验后整理仪器等。

(4)实验数据的处理与分析:能运用所学知识对实验数据进行正确处理和分析,得出合理的结论。

(5)实验报告的撰写:根据实验过程和结果撰写实验报告,重点分析、总结实验过程中出现的异常现象。

二、学习方法

应注重预习、听讲、操作、思考、总结、与同学交流等多个方面。通过综合运用这些方法,可以更好地提高实验能力和科学素养。具体的学习方法如下:

(1)充分预习实验内容:实验之前,应仔细研读实验教材,了解实验目的、原理、所需仪器和试剂,以及实验步骤和注意事项。

(2)认真听讲与观察:认真听取教师的讲解,理解实验的关键点和难点。仔细观察教师的演示操作,注意实验中的细节和注意事项。

(3)规范操作与记录:严格按照实验步骤和规范进行操作,确保实验过程的准确性和安全性。

(4)主动思考与分析:主动思考实验现象背后的原因和规律,尝试分析实验结果和预期结果的差异及其原因。

(5)及时复习与总结:实验结束后,总结实验过程中的经验和教训,找出自己的不足之处。

(6)与同学交流与讨论:与同学交流实验心得和体会,分享经验和教训,相互学习、启发。

第二章　实验室基础知识

一、实验室守则及安全条例

实验室守则及安全条例是确保实验室安全、有序、高效运行，保护实验人员安全和健康的重要规范。所有进入人员都应严格遵守这些规定。具体守则与安全条例如下。

（一）实验室守则

（1）实验室内应保持安静和整洁，禁止在实验室内饮食、嬉闹或放置与实验室无关的物品。

（2）爱护实验室内的各类仪器，按照规则使用并保持设备清洁。未经许可，不得擅自开关实验室内的昂贵设备或改变设备仪器的预设参数。

（3）未经许可，不得将实验室内的任何财产带出实验室，更不得借给私人使用。

（4）实验人员应严格遵守实验室的各项管理制度，不得擅自离开，如需离开则应告知实验室老师。

（二）实验室安全条例

（1）遵守实验室安全操作规程，严禁违反实验室安全管理规定。

（2）实验室内严禁吸烟、吐痰、乱扔废弃物，注意保持整洁卫生，实验完成后及时清扫室内卫生。

（3）了解实验室内潜在的风险和应急方式，并采取必要的安全防护措施；熟悉紧急情况下的逃离路线和应对措施，清楚急救箱、灭火器材、紧急洗眼装置和冲淋器的位置。

（4）严格遵守实验操作规程，不得擅自改变实验条件或进行未经批准的实验。

（5）如遇实验设备故障或发生事故，则应立即停止实验，向实验室负责人报告并采取措施消除隐患。

二、实验室事故处理

实验室事故处理是确保实验室安全的重要环节。以下是处理实验室事故的一般流程：

(1)紧急处理：在发生事故后，首要任务是确保人员的安全。若有人员受伤，则应立即止血、清洗伤口等，并拨打“120”急救电话。若发生火灾、泄漏等事故，则需要迅速采取灭火、控制泄漏等紧急措施。

(2)对于易燃、有毒气体泄漏，需要迅速切断电源、佩戴个人防护用具，并开窗通风。通知邻近实验室或整座建筑人员撤离至上风区，并对泄漏源进行控制处理。

(3)对于易燃、腐蚀、有毒液体泄漏，需要切断电源、佩戴个人防护用具，并使用相应物资擦拭和吸收。大量泄漏时还需设置堵截围堰后撤离，等待应急救援人员处置。

(4)对于触电事故，应先切断电源或拔下电源插头，若来不及切断电源，则可用绝缘物挑开电线。触电者受伤或休克时，应立即拨打“120”和校医室电话求救。

三、实验室“三废”处理

实验室“三废”，即废气、废水和废弃物，它们的处理对于保障实验室安全、保护环境以及维护公共卫生具有重要意义。实验室“三废”处理的基本方法和原则如下：

(1)废气处理：对于有毒有害气体，采用吸附、吸收、催化氧化等方法进行处理；对于无毒但污染环境的废气，可通过高空排放的方法进行处理；对于可能产生强烈刺激性或毒性很大的气体的实验，必须在通风良好的通风橱中进行。

(2)废水处理：废水的处理应先进行分类，然后根据废水的性质选择适当的处理方法，如中和法、氧化还原法、沉淀法、萃取法等。处理后的废水应达到国家相关排放标准，方可排放。

(3)废弃物处理：对于一般固体废弃物，如木片、纸屑、碎玻璃等，可以直接倒入实验室垃圾桶，交由城市环卫部门处理；对于含有有毒有害物质的废弃物，应进行分类收集，并采用焚烧、化学处理、固化等方法进行无害化处理。实验室应定期将废液、固体废弃物交由有资质的环保公司进行无害化处理。

第二部分

无机化学

第三章　无机化学实验基本操作

一、常用玻璃器皿介绍和注意事项

无机化学实验中常用玻璃器皿的名称及样图、主要用途和注意事项如表3-1所列。

表3-1　无机化学实验常用玻璃器皿

名称及样图	主要用途	注意事项
烧杯	测量液体体积；混合液体，配制溶液；加热液体	加热时应置于石棉网上，使其受热均匀，一般不可烧干；避免猛烈加热，避免反应溅出
锥形瓶	反应容器，振荡方便，适用于滴定操作或作为接收器	液体的量不能超过其容积的1/2，过多容易造成喷溅；加热时应置于石棉网上
普通试管　离心试管	普通试管可用作少量试剂的反应容器；离心试管可在离心机中借离心作用分离溶液和沉淀	硬质玻璃制的试管可直接在火焰上加热，但不能骤冷；离心管只能水浴加热

续表

名称及样图	主要用途	注意事项
具塞比色管	光度分析	不可直接用火加热，非标准磨口塞必须原配；注意保持管壁透明，不可用去污粉刷洗，以免磨伤透光面
试剂瓶(滴瓶)	用于盛放少量的试剂或溶液	不稳定或见光易分解的试剂用棕色瓶盛装；碱性试剂要用带橡皮塞的滴瓶，不能长期放浓碱液
量筒	度量液体体积，量取一定体积的液体使用	不能加热；不能在其中配制溶液；不能在高温烘箱(>150 ℃)中烘烤；操作时要沿壁加入或倒出溶液
布氏漏斗和吸滤瓶	用于减压过滤	不能直接加热，滤纸要略小于漏斗的内径；使用时先开抽气泵，后过滤；过滤完毕后，先断开抽气泵，后关电源
表面皿	盖烧杯用，可作其他用途	不能加热

续表

名称及样图	主要用途	注意事项
蒸发皿	用于蒸发液体，也可用作反应器	直接加热，耐高温，但不能骤冷。根据液体性质不同，可选用不同材质的蒸发皿
漏斗	用于过滤操作	不能直接加热
点滴板	用于定性分析，多用于点滴实验，尤其是显色反应	黑色板用于白色沉淀反应，白色板用于有色反应
石棉网	支撑受热的器皿	不能与水接触
铁架台	用于反应器皿的放置或固定	夹持玻璃仪器时，松紧要适度，以免夹碎

二、玻璃器皿的洗涤、干燥与保存

(一)玻璃器皿的洗涤

首先，用水初步冲洗玻璃器皿，以去除玻璃器皿表面的灰尘和可溶性物质。

其次，根据仪器的类型和污渍的性质，选择适当的洗涤剂。常用的洗涤剂包括合成洗涤液、去污粉等。将洗涤剂配制成适当浓度的溶液，然后倒入仪器中，摇动或刷洗以去除污渍。

对于顽固污渍，可以考虑使用铬酸洗液等强氧化剂进行洗涤。但请注意，这些强氧化剂可能对某些材料造成损害，因此在使用前务必了解器皿的材质和兼容性。

最后，洗涤完成后，用自来水彻底冲洗，确保去除所有洗涤剂残留。

(二)玻璃器皿的干燥

1. 自然晾干

非急需使用的玻璃器皿，可在蒸馏水涮洗后倒置在干燥架上，让水分自然蒸发。该方法简单易行，但需要较长时间。

2. 烘干

洗净的玻璃器皿尽可能控去水分，放在带鼓风机的电烘箱中烘干。通常烘箱的温度设置在 100～110 ℃，烘干时间根据器皿的大小和材质而定。取出时注意戴高温手套，防止烫伤。此外，应注意：

(1)组合玻璃器皿需分开后烘干，避免膨胀系数不同而烘裂。

(2)带有磨砂口玻璃塞的仪器在烘干时必须取出活塞，以避免活塞和仪器之间粘连。

(3)量具类(带有刻度)玻璃器皿(量筒、滴定管、移液管等)不宜在烘箱中烘干。

(4)硬质试管可用酒精灯烘干，要从底部烘起，试管口向下，以免水珠倒流把试管炸裂；烘到无水珠时，使试管口向上赶净水汽。

(三)玻璃器皿的保存

使用后的玻璃器皿在彻底清洗和干燥后，应按照以下原则进行保存，以确保它们的完好和准确性。

1. 分类存放

根据玻璃器皿的种类和用途分类存放，注意存放环境应防尘防潮且避免阳光直射。

2. 特殊保存

对于某些特殊类型的玻璃器皿，如带有磨口塞的容量瓶、比色管等，应在清洗前用线绳或塑料细丝将塞子和瓶口拴好，以防打破或弄混。长期不用的滴定管应在去除凡士林后，垫上纸并用皮筋拴好活塞保存。

总之，玻璃器皿的洗涤、干燥与保存是实验工作中不可或缺的步骤。正确的洗涤、干燥与保存方法不仅可以确保实验结果的准确性，还可以延长玻璃器皿的使用寿命。

三、实验中的基本操作

(一)固体试剂的取用

固体试剂的取用方法主要依赖试剂的性质和所需的取用量。以下是一些基本步骤和注意事项。

1. 准备工作

确保实验环境整洁，避免污染；准备好所需工具，如药匙(用于取用粉末状或小颗粒的试剂)或镊子(用于取用块状的固体试剂)；检查试剂瓶的标签，确保取用正确的试剂。

2. 取用粉末状或小颗粒的试剂

(1)打开试剂瓶，将瓶塞倒放在实验台上。

(2)根据需要使用药匙取用试剂。为了避免污染，可以将药匙伸入试剂中，然后轻轻转动药匙，使试剂附着在药匙上。

(3)将盛有试剂的药匙(或纸槽)小心地送到试管或容器底部，然后将试管或容器竖立，使试剂全部落到试管或容器底部。

3. 取用块状的固体试剂

(1)使用镊子夹取块状固体试剂。

(2)将试管或容器倾斜，使块状固体试剂沿管壁慢慢滑下，避免垂直悬空投入，以免击破管底。

4. 注意事项

(1)在取用试剂前，要确保药匙或镊子干净、干燥，避免污染试剂。

(2)取用过试剂的药匙或镊子务必擦拭干净,不能一匙多用,避免交叉污染。

(3)试剂瓶的瓶塞要倒放,避免污染瓶塞和试剂。

(4)对于有毒或有害的试剂,要做好防护措施,如戴口罩、手套等。

(5)取用的试剂量要适中,避免浪费和污染。如果取多了,那么不可倒回原瓶,应放入指定容器内。

5. 称量固体试剂

如果需要精确称量固体试剂,那么可以使用电子分析天平进行称量。称量纸是用于称量固体试剂的,可以放在天平上作为称量容器。天平的具体使用方法可参见第四小节:小型仪器的基本操作之电子分析天平及其使用方法。

(二)液体试剂的取用

液体试剂的取用需要遵循一定的步骤和注意事项,以确保实验的安全性和准确性。以下是关于液体试剂取用的注意事项。

1. 准备工作

确保实验区域整洁,避免污染;检查所需的容器和工具是否干净、干燥,避免对试剂造成污染。

2. 取用方法

(1)倾倒法:将接收容器的瓶盖倒置于桌面,防止异物沾染;标签应向着手心,防止淌下的液体腐蚀标签;倾倒时,瓶口应紧贴试管口或量筒口,必要时应用玻璃棒引流。

(2)滴加法:胶头滴管不能倒置,以防止液体腐蚀橡胶乳头;胶头滴管吸取液体后,在容器口正上方滴加,不能插入容器内,更不能碰容器壁;不用时应清洗干净。滴瓶的滴管不用清洗。

(3)量取法:用倾倒法的规则量取一定液体,读数时,量筒平放,视线与凹液面最低处齐平,防止读数产生误差。

3. 注意事项

(1)不要使手指直接接触试剂,以免造成污染或受到化学伤害。

(2)取用的试剂量要适中,避免浪费和污染。如果取多了,那么不可倒回原瓶,应倒入指定容器。

(3)转移液体试剂时,应将瓶口与容器边缘对齐,保持试剂的滴流。

转移液体时可以将容器倾斜，以增加准确性。

4. 特殊情况

(1)若实验中有规定剂量，则根据要求选用适合的量筒。

(2)从细口瓶中将液体倾倒入容器时，把试剂瓶上贴有标签的一面握在一只手的手心，另一只手将容器倾斜，使瓶口与容器口相接触，逐渐倾斜试剂瓶，倒出试剂。

(三)酒精灯直接加热

酒精灯是无机实验室常用的加热工具，加热温度为 400～500 ℃。酒精灯直接加热方法及注意事项如下。

1. 加热方法

(1)准备工作：将酒精灯放置在平稳的台面上，并确保周围无易燃物品。检查酒精灯内的酒精是否足够，如有需要，则可加入适量的酒精。

(2)调节火焰：打开酒精灯的盖子，点燃酒精灯。酒精灯内有一个短管，短管内有一个风口，可以通过调节风口的大小来控制火焰的大小。

(3)加热试管：将试管放置在酒精灯的火焰上方，加热试管底部。注意要使试管和酒精灯之间保持适当的距离，以免试管破裂划伤或烫伤自己。通常使用酒精灯的外焰加热，因为外焰的温度最高。

(4)调节加热强度：通过调节风口的大小来控制火焰的大小和加热强度。一般情况下，加热强度可以通过将试管靠近或远离火焰来调节。

2. 注意事项

(1)绝对禁止向燃着的酒精灯里添加酒精，以免失火或爆炸。

(2)绝对禁止用一只酒精灯引燃另一只酒精灯，应该用火柴或打火机点燃酒精灯。

(3)使用完毕后，必须用灯帽盖灭酒精灯，不可用嘴去吹。

(4)如果被加热的玻璃容器外壁有水，那么应在加热前将其擦拭干净后再加热，以免容器炸裂。

(5)加热时不要使玻璃容器的底部跟灯芯接触，也不要离得很远。距离过近或过远都会影响加热效果。

(6)烧得很热的玻璃容器不要立即用冷水冲洗，否则可能破裂；也不要立即放在实验台上，以免烫坏实验台。

(7)给试管里的固体或液体加热时，应先进行预热。方法是：在火焰上来回移动试管，对已固定的试管，可移动酒精灯，待试管均匀受热后，再把灯焰固定在需要加热的部位。

(8)给试管里的液体加热时，液体体积不要超过试管体积的1/3；加热时，要使试管倾斜一定角度(45°左右)，并在加热时不时地移动试管，以避免试管里的液体沸腾喷出伤人。同时，试管口不能朝向人或有人的方向。

(9)万一洒出的酒精在桌上燃烧起来，不要惊慌，要立刻用湿抹布扑盖。

遵循以上方法和注意事项，可以确保使用酒精灯加热时的安全性和效果。

(四)过滤

1. 常压过滤

在常压下，使用漏斗过滤是一种常见的无机化学实验操作，该方法称为常压过滤法(图3-1)。以下是具体的实验步骤和注意事项：

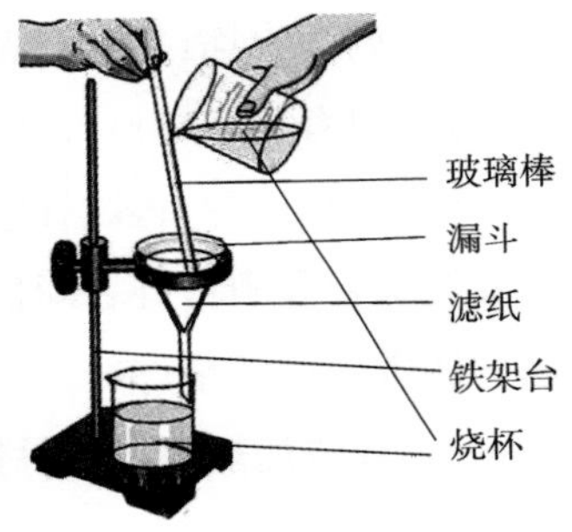

图3-1　常压过滤装置

(1)实验步骤。

①准备仪器：玻璃漏斗、滤纸、烧杯、铁架台(含铁圈)以及玻璃棒。

②制作过滤器：把一张圆形滤纸连续对折两次，得到一个四层的扇形滤纸。然后再用手捏住最外面一层滤纸展开，得到一个一边是一层，另一边是三层的滤纸。用少量水润湿一下，把它贴在玻璃漏斗内壁上即可。

③组装设备：将玻璃漏斗放在铁架台的铁圈上，使其稳定；调整铁圈高度，使玻璃漏斗末端靠在烧杯内壁，防止滤液飞溅，但不会触及滤液。

④过滤：将待过滤的液体缓慢倒入漏斗中，液体要适量，避免过多导致液体溢出。使用玻璃棒引流，将液体引流到滤纸上，避免液体溅出或冲破滤纸。等待液体完全过滤到烧杯中。

(2)注意事项。

①控制流速：在操作时要控制液体的流速，避免液体迅速通过滤纸，影响实验结果。

②注意“一贴二低三靠”：

“一贴”：滤纸要紧贴漏斗内壁，确保没有气泡。

“二低”：滤纸的边缘要低于漏斗口，漏斗内的液面要低于滤纸的边缘。

“三靠”：漏斗下端的管口要紧靠烧杯内壁；用玻璃棒引流时，玻璃棒下端轻靠在三层滤纸的一边；用玻璃棒引流时，烧杯尖嘴紧靠玻璃棒中部。

2. 减压过滤

减压过滤又称吸滤、抽滤，是利用真空泵或抽气泵将吸滤瓶中的空气抽走而产生负压，使过滤速度加快的一种方法。减压过滤装置由循环水真空泵、布氏漏斗、吸滤瓶、安全瓶等组成。布氏漏斗为瓷质过滤器，中间为具有许多小孔的瓷板，以便溶液通过滤纸从小孔流出。吸滤瓶用以承接过滤下来的滤液，其支管用橡胶管和安全瓶的短管连接，而安全瓶的长管和“文氏管”式抽气泵横管相连接。“文氏管”式抽气泵连接在水龙头上。安全瓶的作用是防止水泵中的水产生溢流而倒灌入吸滤瓶中，如图3-2所示。

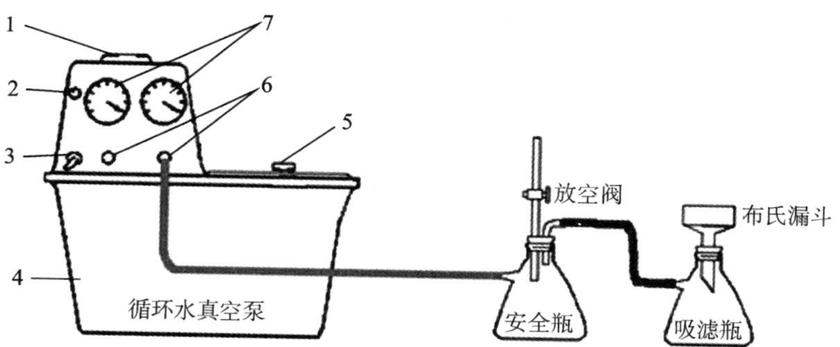

1—电动机；2—指示灯；3—电源开关；4—水箱；5—水箱盖；6—抽气管接口；7—真空表。

图3-2　减压过滤装置

减压过滤的操作方法如下：

(1)剪滤纸：取一张大小适中的滤纸，在布氏漏斗上轻压一下，然后沿压痕内径剪成圆形，此滤纸放入漏斗中时应平整无皱褶，且将漏斗的瓷孔全部盖严。注意：滤纸不能大于漏斗底面。

(2)将滤纸放在漏斗中，用少量去离子水润湿，然后把漏斗安装在吸滤瓶上(尽量塞紧),打开真空泵,减压使滤纸贴紧。

(3)用玻璃棒引流,将待过滤的溶液和沉淀逐步转移到漏斗中,加溶液速度不要太快,以免将滤纸冲起。注意:布氏漏斗中的溶液不得超过漏斗容积的 2/3。

(4)过滤完成(不再有滤液滴出)时,先拔掉吸滤瓶侧口上的胶管,然后关掉真空泵。

(5)用手指或玻璃棒轻轻揭起滤纸的边缘,取出滤纸及其上面的沉淀物。滤液则由吸滤瓶的上口倾出。注意吸滤瓶的侧口只作连接减压装置用,不要从侧口倾倒滤液,以免弄脏溶液。如果实验中要求洗涤沉淀,那么洗涤方法与使用玻璃漏斗过滤时相同,但不要使洗涤液过滤太快,以便使洗涤液充分接触沉淀,使沉淀洗得更干净。

四、小型仪器的基本操作

(一)电子分析天平及其使用方法

电子分析天平(图 3-3)是定量分析工作中不可缺少的重要仪器。充分了解仪器性能及熟练掌握其使用方法,是得到可靠分析结果的保证。以下是电子分析天平的使用方法及注意事项。

图 3-3 电子分析天平

1. 准备工作

电子天平应放置在水平、稳固的台面上。首先观察水平仪内的水泡是否位于圆环的中央。如果未在,那么联系指导教师,通过调整天平下部的底脚螺丝,使水平仪内的水泡归于圆环中央。其次观察电子天平的称盘,确保其表面干净,无杂物。

2. 基本操作

(1)开机与自检:按下 ON/OFF 键,接通显示器,等待仪器自检。当显示器右上角无显示时,表示仪器处于关断状态;当仪器左下角显示 O 时,表示仪器处于待机状态,可进行称量;当仪器左上角出现菱形标识时,表示仪器的微处理器正在执行某个功能,此时不接受其他任务。

(2)置零与称量:将称量纸置于秤盘上,按下“Tare”(去皮)键将电子天平置零。然后将待称量的固体试剂放置在称量纸上，避免振动和晃动，等待电子天平稳定并显示出固体试剂的重量，记录显示屏上的数字，并小心取走固体试剂。

（二）循环水真空泵的使用方法

循环水真空泵（图 3-4）又称水环式真空泵，是无机化学实验减压过滤操作中使用的主要仪器。以下是循环水真空泵的使用方法。

图 3-4　循环水真空泵

1. 准备工作

将循环水真空泵放置在水平、稳固的台面上，开始使用时，打开水箱上盖，注入去离子水，当水面即将升至水箱后面的溢水嘴下高度时停止加水，重复开机可不再加水。注意：使用前，要确保水箱内含有足量的去离子水，防止无水运行，对泵造成损害。

2. 抽真空操作

吸滤瓶支管口与循环水真空泵的抽气嘴通过抽气套管紧密连接，随后将布氏漏斗尽量牢固地安装在吸滤瓶上，打开电源开关，即可开始抽滤作业。具体实验操作见减压过滤部分。抽滤作业完成后，先拔下吸滤瓶支管上的皮管，再关闭循环水真空泵的电源。

（三）电动离心机及其使用方法

电动离心机（图 3-5）是一种广泛应用于生物、化学、医药等领域的实验室设备，主要用于分离和沉淀不同密度的物质。以下是电动离心机的使用方法。

图 3-5　电动离心机

1. 准备工作

将离心机放置在稳固、水平的台面上（防止滑动或振动）；检查离心机是否干净，特别是离心腔和转头部分，要确保没有残留物。

2. 放置样品

将待离心的样品均匀地放置在离心管中，确保每个离心管中的样品量大致相等。如果离心管的数量是单数或质量不平衡，那么可以在其中一个离心管中加入等量的水来调整。避免负载不平衡引起的设备振动、噪音增加，甚至损坏离心机等问题。

3. 设置参数及启用离心机

打开离心机的电源开关，设置所需的转速和时间，离心机将开始工作。注意不要超过离心机的最大转速和最长工作时间，以免损坏设备。离心完成后，等待离心机减速并自动停止，打开离心机盖，小心取出离心管，处理离心后的样品。

第四章　无机化学实验实操

实验一　硫酸亚铁铵的制备及纯度检验

一、实验目的

(1)了解复盐的一般特性及硫酸亚铁铵的制备方法。

(2)掌握加热、溶解、蒸发、结晶、常压过滤、减压抽滤、干燥等基本实验操作。

(3)练习目测比色半定量分析方法。

(4)理解仪器精度约束下的产率计算。

二、实验原理

(一)硫酸亚铁铵的制备

硫酸亚铁铵($(NH_4)_2Fe(SO_4)_2 \cdot 6H_2O$)是一种无机复盐,俗称莫尔盐、摩尔盐,为浅蓝绿色单斜晶体。在空气中比一般的亚铁盐稳定,不易被氧化,而且价格低、制造工艺简单。其通常在工业上被用作废水处理的混凝剂,农业上被用作农药及肥料,医药中被用于治疗缺铁性贫血,在分析化学中被用作氧化还原滴定法的基准物质。

同其他复盐一样,硫酸亚铁铵在水中的溶解度比组成它的任何一个组分 $FeSO_4$ 或$(NH_4)_2SO_4$ 的溶解度都小(表 4-1)。因此,通过蒸发浓缩、冷却结晶等基本操作,硫酸亚铁铵晶体将容易从浓的 $FeSO_4$ 和$(NH_4)_2SO_4$ 混合的反应液中结晶出来。

表 4-1　三种盐在水中的溶解度

盐	溶解度/[g·(100 g 水)$^{-1}$]				
	10 ℃	20 ℃	30 ℃	40 ℃	60 ℃
$FeSO_4 \cdot 7H_2O$	40.00	48.00	60.00	73.30	100.00
$(NH_4)_2SO_4$	73.00	75.40	78.00	81.00	88.00
$(NH_4)_2Fe(SO_4)_2 \cdot 6H_2O$	17.23	36.47	45.00	—	—

本实验采用铁粉与稀硫酸反应生成硫酸亚铁溶液：

$$Fe + H_2SO_4 = FeSO_4 + H_2(g)\uparrow$$

在硫酸亚铁溶液中加入与硫酸亚铁等物质的量的硫酸铵并使其全部溶解，通过蒸发浓缩、冷却结晶，便可以得到硫酸亚铁铵晶体：

$$FeSO_4 + (NH_4)_2SO_4 + 6H_2O = (NH_4)_2Fe(SO_4)_2 \cdot 6H_2O$$

(二)目测比色法测定 Fe^{3+} 的含量

用目测比色法可半定量地判断产品中所含杂质的量。本实验根据 Fe^{3+} 能与 KSCN 生成血红色的配合物：

$$Fe^{3+} + nSCN^- \rightarrow [Fe(SCN)_n]^{3-n}\ (n=1\sim6)$$

Fe^{3+} 越多，血红色越深。因此，称取一定量制备的 $(NH_4)_2Fe(SO_4)_2 \cdot 6H_2O$ 晶体，使其在比色管中与 KSCN 溶液反应，制成待测溶液。将待测溶液所呈现的红色与含一定量 Fe^{3+} 所配制的标准溶液的红色进行比较，可以确定产品的等级。

三、主要实验仪器、器皿与药品(图 4-1)

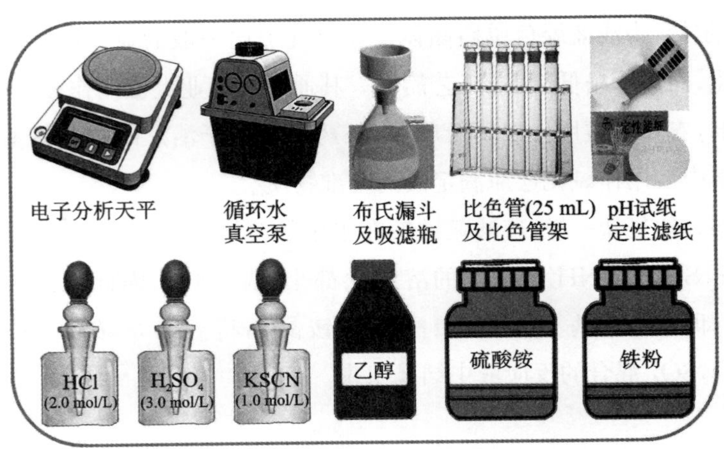

图 4-1　实验一主要实验仪器、器皿与药品

四、实验内容

（一）硫酸亚铁铵的制备（图 4-2）

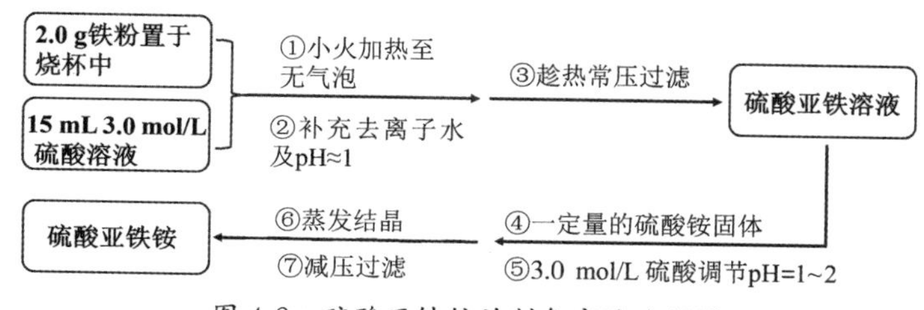

图 4-2　硫酸亚铁铵的制备实验流程图

1. 硫酸亚铁的制备

称取 2.0 g 铁粉于烧杯中，向烧杯中加入 15 mL 3.0 mol/L H_2SO_4 溶液，盖上表面皿，将烧杯放在石棉网上小火加热，使铁粉和硫酸反应到不再有气泡冒出，表示反应基本完成。注意：加热过程中应不时添加去离子水，以补充反应过程中蒸发掉的水分，防止硫酸亚铁结晶出来。同时，还要补充 H_2SO_4 溶液以维持反应体系的 pH 值在 1 附近。趁热用普通漏斗过滤，并将滤液转入蒸发皿中。用去离子水洗涤残渣，用滤纸吸干后称量，以确定反应的铁粉量，从而计算出溶液中硫酸亚铁的质量。

2. 硫酸亚铁铵的制备

根据计算得到的溶液中硫酸亚铁的理论产量，计算出所需 $(NH_4)_2SO_4$ 的用量，称取所需质量的 $(NH_4)_2SO_4$，加入上面制得的 $FeSO_4$ 溶液中，加热搅拌，使 $(NH_4)_2SO_4$ 全部溶解，并用 3.0 mol/L H_2SO_4 溶液调节反应体系的 pH 值为 1～2，用小火蒸发浓缩至液面出现一层晶膜为止，静置冷却到室温，使 $(NH_4)_2Fe(SO_4)_2 \cdot 6H_2O$ 结晶出来。用布氏漏斗减压过滤，用少量乙醇洗去晶体表面的水分，抽干晶体。然后将晶体转移到表面皿上，晾干（或真空干燥）后称量晶体的质量，计算产率。

（二）产品检验（图 4-3）

1. Fe^{3+} 标准溶液的配制（由实验室提供）

称取 0.215 9 g $(NH_4)_2Fe(SO_4)_2 \cdot 6H_2O$ 溶于少量去离子水中，向其中加入 4 mL 3.0 mol/L H_2SO_4，将配制好的溶液定量转移到 250 mL 容量瓶中，稀释至刻度。此溶液即为 0.100 0 g/L Fe^{3+} 标准溶液。

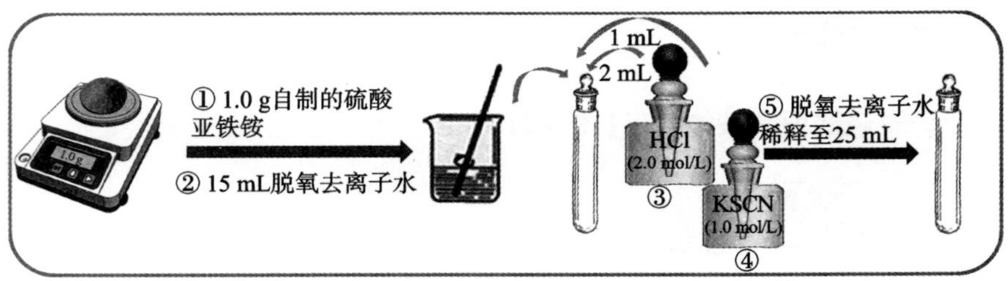

图 4-3 硫酸亚铁铵产品检验流程图

2. 标准色阶的配制(由实验室提供)

分别取 0.100 0 g/L 的 Fe^{3+} 标准溶液 0.50 mL、1.00 mL、2.00 mL 于 3 支 25 mL 比色管中,并分别加入 2 mL 2.0 mol/L HCl 溶液和 1 mL 1.0 mol/L KCSN 溶液,用去离子水稀释至刻度,摇均匀,即配制成:①含 Fe^{3+} 0.05 mg/g(符合一级试剂);②含 Fe^{3+} 0.10 mg/g(符合二级试剂);③含 Fe^{3+} 0.20 mg/g(符合三级试剂)系列标准色阶。

3. 产品级别的确定

称取 1.0 g 自制的硫酸亚铁铵产品于烧杯中,用 15 mL 不含氧去离子水(煮沸)溶解,随后加入 25 mL 比色管中,再加入 2 mL 2.0 mol/L HCl 溶液和 1 mL 1.0 mol/L KCSN 溶液,用不含氧去离子水定容后与标准色阶进行目测比色,确定产品的级别。

五、实验现象记录(表 4-2)

表 4-2 实验一实验现象记录表

序号	实验项目	实验现象
1	还原铁粉初始质量 m_1/g	
	还原铁粉残余质量 m_2/g	
	反应的铁粉质量 m_3/g	
	生成的硫酸亚铁质量 m_4/g(请注明计算过程)	
	所需的硫酸铵质量 m_5/g(请注明计算过程)	
	硫酸亚铁铵理论质量 m_6/g(请注明计算过程)	
	硫酸亚铁铵实际质量 m_7/g	
	硫酸亚铁铵产率/%	
2	制备得到的硫酸亚铁铵产品形貌等级	

六、思考题

(1)在制备硫酸亚铁时,为什么体系必须保持酸性?实验中是如何保持溶液的酸性的?

(2)在蒸发硫酸亚铁铵时,为什么有时溶液会发黄?

(3)在检验产品中所含的 Fe^{3+} 含量时,为什么要用不含氧的去离子水?如何制备不含氧的去离子水?

(4)减压过滤和目测比色操作应注意什么?

实验二　粗食盐的提纯

一、实验目的

(1)学习物理与化学方法提纯粗食盐的原理。

(2)熟练掌握加热、溶解、蒸发、结晶、常压过滤、减压抽滤及干燥等基本实验操作。

(3)了解"中间控制检验"的概念。

二、实验原理

(一)粗食盐的提纯

食盐的化学名称为氯化钠(NaCl),是一种常见的化工原料,易溶于水。天然的食盐矿及海水晒制的粗食盐中常含有不溶性杂质(如泥沙等)和可溶性杂质(如 K^{+}、Ca^{2+}、Mg^{2+}、Fe^{3+}、SO_4^{2-}、CO_3^{2-} 等),使用前必须提纯。

粗食盐中的不溶性杂质可通过加去离子水溶解后过滤的方法除去;可溶性杂质(如 K^{+}、Ca^{2+}、Mg^{2+}、Fe^{3+}、SO_4^{2-}、CO_3^{2-} 等)可选择适当的沉淀剂,使其反应生成沉淀后过滤除去。首先,往粗食盐溶液中加入稍微过量的 $BaCl_2$ 溶液,将 SO_4^{2-} 转化为 $BaSO_4$ 沉淀,过滤可除去 SO_4^{2-};其次,加入 NaOH 溶液和 Na_2CO_3 溶液,可将 Ca^{2+}、Mg^{+}、Fe^{3+}、Ba^{2+} 转化为

$CaCO_3$、$BaCO_3$、$Mg_2(OH)_2CO_3$、$Fe(OH)_3$ 沉淀后过滤除去；再次，用稀盐酸溶液调节食盐溶液的 pH 值至 2～3，除去溶液中的 OH^- 和 CO_3^{2-}；最后，K^+ 含量较小且 KCl 的溶解度大于 NaCl 的溶解度，因此在蒸发浓缩过程中，不要蒸干母液，使得 NaCl 先结晶出来，而 KCl 则继续留在母液中，通过减压抽滤除去。

(二)“中间控制检验”的概念

在提纯过程中，为检验某杂质是否除尽，常取少量清液于试管中(或对一时难以分离的试样，可取离心分离后的少量溶液)，缓慢地滴加适当的试剂来进行检查，这种方法称为中间控制检验，在生产实践中同样适用。本实验中检查 SO_4^{2-} 是否完全除去时，可向上层澄清溶液中加几滴 1 mol/L $BaCl_2$ 溶液，若溶液变混浊，则表示其中还有 SO_4^{2-}，需继续加入 $BaCl_2$ 溶液；若溶液不发生变化，则表示 SO_4^{2-} 已沉淀完全，可转入下一步操作。用相同方法还可检查其他离子是否完全除去。

三、主要实验仪器与药品(图 4-4)

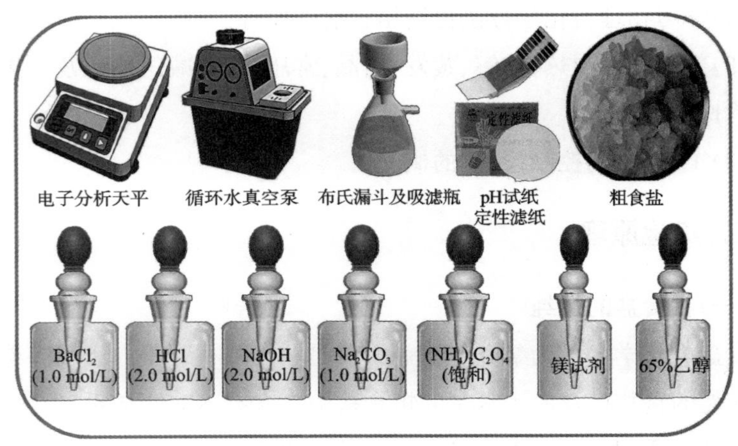

图 4-4 实验二主要实验仪器与药品

四、实验内容

(一)粗食盐的提纯(图 4-5)

1. 粗食盐的称量和溶解

称取 5.0 g 粗食盐于烧杯中，向烧杯中加入 25 mL 去离子水，加热搅拌使其充分溶解。待粗食盐溶液冷却后，用倾析法过滤去除不溶于水的杂质，收集滤液于干净的烧杯中。

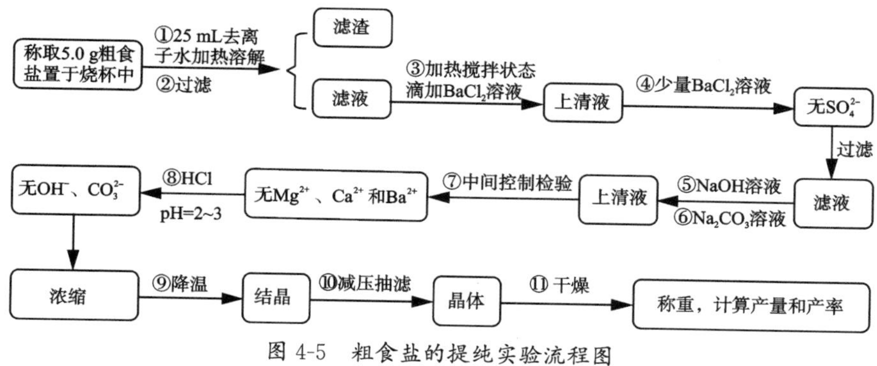

图 4-5　粗食盐的提纯实验流程图

2. SO_4^{2-} 的去除

向上述滤液中滴加 1.0 mol/L $BaCl_2$ 溶液(边加热边搅拌)，使 $BaSO_4$ 沉淀(约 3 mL)。静置待沉淀下降后，再滴加少量 $BaCl_2$ 溶液于上层清液中，以检验 SO_4^{2-} 是否沉淀完全，若有白色沉淀生成，则需在热溶液中再补加适量 $BaCl_2$ 溶液，直至沉淀完全；若没有白色沉淀生成，则过滤后将滤液收集在干净的烧杯中。

3. Mg^{2+}、Ca^{2+} 和 Ba^{2+} 的去除

在上一步的滤液中加入适量 2.0 mol/L NaOH 溶液和 1.0 mol/L Na_2CO_3 溶液，加热沸腾后静置。如步骤 2. 检验沉淀是否完全。沉淀完全后，用倾析法过滤，将滤液收集在干净的烧杯中。

4. OH^- 和 $CO_3{}^{2-}$ 的去除

在上一步的滤液中逐滴加入 2.0 mol/L HCl 溶液，调节 pH 值为 2～3，以除去过量的 NaOH 和 Na_2CO_3，生成的 H_2CO_3 在蒸发过程中可挥发除去。

5. 蒸发结晶

将上一步的滤液转入蒸发皿中，小火加热，待溶液浓缩至液面上有晶膜形成为止，停止加热，切不可将溶液蒸干。待上述浓缩液冷却至室温后，减压抽滤，并淋洗适量 65％乙醇，将晶体抽干，随后转移至干净的表面皿中，置于远红外干燥箱内烘干，即得精制食盐。

6. 产品称量

上述所得精制食盐冷却至室温后，称量，并计算产率。

(二)产品纯度的检验(图 4-6)

取粗食盐和上述精制食盐各 0.5 g 放入试管内，分别加入 5 mL 去离子水溶解。然后各分为 3 等份，盛于 6 支试管中，分成 3 组，用对比法比较它们的纯度。

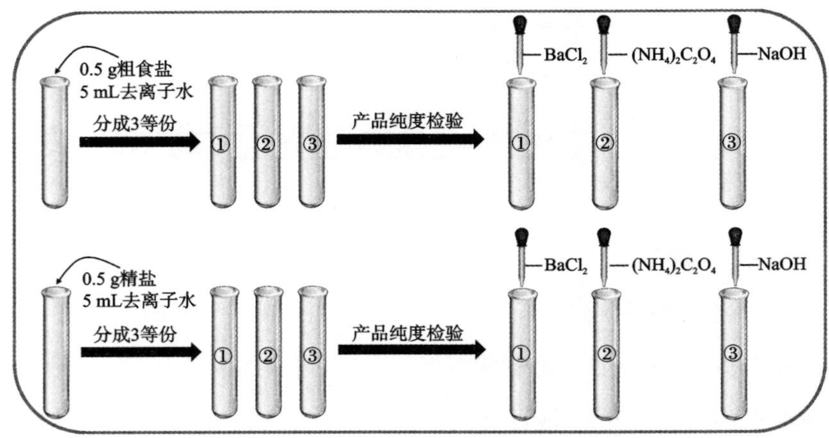

图 4-6　食盐产品纯度的检验流程图

1. SO_4^{2-} 的检验

向第 1 组试管中各滴加 2 滴 1.0 mol/L $BaCl_2$ 溶液，观察实验现象。

2. Ca^{2+} 的检验

向第 2 组试管中各滴加 2 滴饱和$(NH_4)_2C_2O_4$ 溶液，观察实验现象。

3. Mg^{2+} 的检验

向第 3 组试管中各滴加 2 滴 2.0 mol/L NaOH 溶液，再加入 1 滴镁试剂，观察有无蓝色沉淀生成。

五、实验现象记录(表 4-3)

表 4-3　实验二实验现象记录表

序号	实验项目	实验现象
1	粗食盐初始质量 m_1/g	
	精盐质量 m_2/g	
	精盐产率/%	
	①滴加 $BaCl_2$ 溶液后是否有沉淀生成及沉淀颜色	
	②上层清液中再滴加少量 $BaCl_2$ 溶液，是否还有沉淀	

续表

序号	实验项目	实验现象
1	①加入适量 NaOH 溶液、Na_2CO_3 溶液后是否有沉淀生成及沉淀颜色	
	②检验沉淀是否完全	
	制备得到的精盐的颜色及性状	
2	粗食盐和精盐中各加 $BaCl_2$ 溶液	
	粗食盐和精盐中各加$(NH_4)_2C_2O_4$ 溶液	
	粗食盐和精盐中各加 NaOH 溶液及镁试剂	

六、思考题

(1)本实验能否把两次过滤合并在一起一次完成，为什么？

(2)制得的产品为何不用水洗而用 65%乙醇洗？

实验三　电解质在水溶液中的离子平衡

一、实验目的

(1)加深理解弱电解质及盐类水解平衡的特点和移动规律。

(2)学习缓冲溶液的配制并验证其缓冲作用。

(3)理解沉淀平衡的特点及移动规律，掌握溶度积规则的应用。

(4)熟练掌握电动离心机的使用技术以及 pH 试纸的使用方法。

(5)掌握广泛 pH 试纸和精密 pH 试纸的使用方法。

二、实验原理

(一)一元或多元弱电解质的解离平衡

弱电解质在水溶液中部分解离，存在解离平衡。例如，一元弱酸在水中的解离反应为：

$$HA(aq)\rightleftharpoons A^-(aq)+H^+(aq)\quad K_i^{\ominus}(HA)=\frac{\left[\frac{c(H^+)}{c^{\ominus}}\right]\cdot\left[\frac{c(A^-)}{c^{\ominus}}\right]}{\left[\frac{c(HA)}{c^{\ominus}}\right]}$$

多元弱电解质在水溶液中是分步解离。例如，硫化氢水溶液的解离平衡分为两步：

$$H_2S(aq)\rightleftharpoons H^+(aq)+HS^-(aq)\quad K_{a1}^{\ominus}=\frac{\left[\frac{c(H^+)}{c^{\ominus}}\right]\cdot\left[\frac{c(HS^-)}{c^{\ominus}}\right]}{\left[\frac{c(H_2S)}{c^{\ominus}}\right]}$$

$$HS^-(aq)\rightleftharpoons H^+(aq)+S^{2-}(aq)\quad K_{a2}^{\ominus}=\frac{\left[\frac{c(H^+)}{c^{\ominus}}\right]\cdot\left[\frac{c(S^{2-})}{c^{\ominus}}\right]}{\left[\frac{c(HS^-)}{c^{\ominus}}\right]}$$

(二)盐类水解平衡

盐类的水解反应，是指盐的组分离子与水解离出来的 H^+ 或 OH^- 结合成弱电解质的反应，即存在解离平衡。例如

$$Ac^-(aq)+H_2O\rightleftharpoons HAc(aq)+OH^-(aq)\quad K_h^{\ominus}=\frac{\left[\frac{c(HAc)}{c^{\ominus}}\right]\cdot\left[\frac{c(OH^-)}{c^{\ominus}}\right]}{\left[\frac{c(Ac^-)}{c^{\ominus}}\right]}$$

$$NH_4^+(aq)+H_2O\rightleftharpoons NH_3\cdot H_2O(aq)+H^+(aq)\quad K^{\ominus}(NH_4^+)=\frac{\left[\frac{c(H^+)}{c^{\ominus}}\right]\cdot\left[\frac{c(NH_3\cdot H_2O)}{c^{\ominus}}\right]}{\left[\frac{c(NH_4^+)}{c^{\ominus}}\right]}$$

盐类的水解反应不仅改变了溶液的 pH 值，还可能产生气体或沉淀。例如，$BiCl_3$ 固体溶于水时就能产生 BiOCl 白色沉淀，同时使溶液的酸性增强。

$$Bi^{3+}+Cl^-+H_2O\rightleftharpoons BiOCl\downarrow+2H^+$$

有些盐类溶液相互混合时，会加剧质子传递反应的发生。例如，NH_4Cl 溶液与 Na_2CO_3 溶液混合、$Al_2(SO_4)_3$ 溶液与 Na_2CO_3 溶液混合时发生的反应分别为

$$NH_4^+ + CO_3^{2-}+H_2O\rightleftharpoons NH_3\cdot H_2O+HCO_3^-$$

$$2Al^{3+}+3CO_3^{2-}+3H_2O\rightleftharpoons 2Al(OH)_3\downarrow+3CO_2\uparrow$$

(三)弱电解质解离平衡的移动

弱酸或弱碱的解离平衡都是暂时的和有条件的,条件改变可使解离平衡发生移动。根据化学平衡原理可知

$\Delta_r G_m < 0, J < K^{\ominus}$　平衡向正反应方向移动

$\Delta_r G_m = 0, J = K^{\ominus}$　平衡状态

$\Delta_r G_m > 0, J > K^{\ominus}$　平衡向逆反应方向移动

显然,若增加某解离产物的浓度,则 J(反应商)$>K^{\ominus}$(标准平衡常数),平衡向着逆反应方向移动,即生成酸或碱的方向移动,也就是说酸或碱解离度减小,这被称为同离子效应。即在弱电解质溶液中,加入含有相同离子的强电解质,可使弱电解质的解离度降低的现象。利用同离子效应可制备缓冲溶液。

由弱酸及其共轭碱(如 HAc 和 NaAc)或弱碱及其共轭酸(如 $NH_3 \cdot H_2O$ 和 NH_4Cl)所组成的溶液,能够抵抗外加的少量酸、碱或稀释作用,维持溶液的 pH 值基本不变,这种溶液称为缓冲溶液。

若减小某解离产物的浓度,则 $J<K^{\ominus}$,平衡向着正反应方向移动,即酸或碱解离的方向移动。减小解离产物的浓度的方法有形成难溶的电解质、气体以及更难解离的酸、碱和配离子等。

改变温度也可使平衡发生移动。

(四)难溶电解质的多相解离平衡及移动

难溶电解质在水溶液中的生成—溶解平衡:

$$A_m B_n(s) \rightleftharpoons m A^{n+}(aq) + n B^{m-}(aq)$$

溶度积($K_{sp}^{\ominus}$)是指在一定温度下,难溶电解质达到溶解平衡时,各离子相对浓度(以其化学计量数为幂)的乘积。其实质是难溶电解质多相解离平衡的平衡常数。离子积(J)是指在一定温度下,难溶电解质为任意浓度时,各离子相对浓度(以其化学计量数为幂)的乘积。根据化学平衡原理,则

$$J\begin{Bmatrix} < \\ = \\ > \end{Bmatrix}K_{sp}^{\ominus}\begin{cases} \text{沉淀溶解或无沉淀析出} \\ \text{平衡状态(饱和溶液)} \\ \text{沉淀生成} \end{cases}$$

此规律称为溶度积规则。利用溶度积规则可以判断沉淀的生成与溶解。加入适当过量的沉淀剂可使沉淀更完全,也可以通过加酸、氧化剂和

配位剂使沉淀溶解。在一定的条件下还可将一种难溶物转化为另一种难溶物。

三、主要实验仪器与药品(图 4-7)

图 4-7　实验三主要实验仪器与药品

四、实验内容

(一)酸、碱溶液 pH 值的测定

下列溶液的浓度均为 0.1 mol/L,用 pH 试纸测定溶液的 pH 值,将实验结果按溶液的 pH 值由小到大排列,并与计算值进行比较。

HAc　HCl　$NH_3 \cdot H_2O$　NaOH　NaAc　NH_4Cl

(二)缓冲溶液的配制与性质验证

1. 缓冲溶液的配制

用量筒尽可能准确地量取 5 mL 1.0 mol/L HAc 溶液和 5 mL 1.0 mol/L NaAc 溶液,将它们倒入小烧杯中,搅拌均匀后,测定该溶液的 pH 值,并与计算值比较。

2. 缓冲溶液的性质验证

取上述缓冲溶液各 1 mL 放入两个试管中,分别加入 3 滴 0.1 mol/L HCl 和 0.1 mol/L NaOH 溶液,摇匀后测定其 pH 值,并与缓冲溶液的 pH 值相比较。用去离子水代替,重复缓冲溶液实验,并比较所测得的 pH 值。

(三)酸、碱解离平衡移动

1. 同离子效应

向试管中加入约 2 mL 0.1 mol/L $NH_3 \cdot H_2O$ 溶液,再加一滴酚酞指示剂,摇均匀后,观察溶液的颜色。然后将此溶液平均分为两份,其中一份中加入少量饱和 NH_4Cl 溶液,另一份中加入相同体积的去离子水,摇匀后,比较这两支试管中溶液的颜色有何不同,并解释。

2. 生成难溶电解质

向试管中加入 1 mL 去离子水、5 滴 0.1 mol/L Na_2S 溶液和 1 滴酚酞指示剂,观察溶液的颜色。然后将此溶液分成两份,一份保留作对比,另一份中滴加数滴 0.1 mol/L $AgNO_3$ 溶液,观察颜色有何变化,简要说明颜色变化的原因(若实验现象不明显,则离心分离后观察)。

3. 生成气体和难溶电解质

在两支试管中分别加入 1 mL 0.5 mol/L $Al_2(SO_4)_3$ 溶液和 1 mL 0.5 mol/L Na_2CO_3 溶液,用 pH 试纸测定其 pH 值。然后将这两种溶液混合,观察有何现象发生,并解释之。

总结上述实验可得出怎样的结论。

(四)难溶电解质的多相解离平衡及移动

1. 沉淀的生成与同离子效应

在两支离心试管中分别加入 5 滴 0.1 mol/L $FeCl_3$ 溶液。然后,在其中一支试管中加入 2 滴 2.0 mol/L NaOH 溶液,另一支试管中加入 8~10 滴 2.0 mo/L NaOH 溶液。摇匀后离心沉降,分别吸出上层清液,并往清液中各加入 2 滴 0.1 mol/L KSCN 溶液,观察溶液颜色有何不同,为什么?

2. 沉淀溶解

利用实验室提供的试剂,自行设计,分别制备难溶的 ZnS 和 $Cu(OH)_2$,离心沉降后观察沉淀的颜色。吸取上层大部分清液,保留沉淀做下面的实验。试验沉淀的溶解时,沉淀量应尽可能少,这样有利于观察实验结果。

往盛有沉淀的试管中逐滴加入 2.0 mol/L HCl 溶液,摇荡试管,观察沉淀的溶解及溶液的颜色变化,并解释之。

往盛有沉淀的试管中逐滴加入 2.0 mol/L $NH_3 \cdot H_2O$,摇荡试管,观察沉淀的溶解和溶液的颜色变化。

3. 沉淀的转化

往一支试管中加入5滴0.1 mol/L $AgNO_3$ 溶液和5滴0.1 mol/L K_2CrO_4 溶液，摇匀后观察沉淀的颜色。然后往试管中逐滴加入0.1 mol/L NaCl溶液，边加边振荡，直到砖红色沉淀消失、白色沉淀生成为止。解释观察到的现象。

往一支离心管中加入10滴0.1 mol/L $Pb(NO_3)_2$ 溶液和10滴0.1 mol/L Na_2S 溶液，摇均匀，离心分离后吸出上层清液，观察沉淀的颜色。然后，向沉淀中加入5% H_2O_2 溶液，并不断地振荡，观察沉淀的颜色变化，解释之。

4. 分步沉淀

往一支试管中加入3滴0.1 mol/L $AgNO_3$ 溶液和3滴0.1 mol/L $Pb(NO_3)_2$ 溶液，再加2 mL去离子水稀释，摇匀后，逐滴加入0.1 mol/L K_2CrO_4 溶液，并不断地振荡试管，观察沉淀的颜色。继续滴加入0.1 mol/L K_2CrO_4 溶液，沉淀的颜色有何变化？根据沉淀的颜色变化判断哪一种难溶物先沉淀，为什么？注意：每加1滴 K_2CrO_4 溶液后都要充分振荡。

往一支离心管中加入5滴0.1 mol/L Na_2S 溶液和5滴0.1 mo/L K_2CrO_4 溶液，再加2 mL去离子水稀释，摇匀后，加入5滴0.1 mol/L $Pb(NO_3)_2$ 溶液，充分振荡试管，离心沉降，观察沉淀的颜色。往上层清液中加入1滴0.1 mol/L $Pb(NO_3)_2$ 溶液，观察沉淀的颜色。继续滴加入0.1 mol/L $Pb(NO_3)_2$ 溶液，沉淀的颜色有何变化？指出两种沉淀物各是什么物质。

五、实验现象记录(表4-4)

表4-4 实验三实验现象记录表

序号	实验项目	实验现象
1	①酸碱溶液的pH测定值	
	②酸碱溶液的pH计算值	
2	①5 mL 1.0 mol/L HAc溶液和5 mL 1.0 mol/L NaAc溶液的缓冲溶液的pH测定值及pH计算值	

续表

序号	实验项目	实验现象
2	②上述缓冲溶液中加入 3 滴 0.1 mol/L HCl 溶液后的 pH 测定值	
	③上述缓冲溶液中加入 3 滴 0.1 mol/L NaOH 溶液后的 pH 测定值	
	④去离子水代替缓冲溶液，分别加入 3 滴 0.1 mol/L HCl 或 NaOH 的 pH 测定值	
3	①同离子效应	
	②生成难溶电解质	
	③生成气体和难溶电解质	
4	①沉淀的生成与同离子效应	
	②沉淀的溶解	
	③沉淀的转化	
	④分步沉淀	

六、思考题

（1）同离子效应对弱酸、弱碱的解离度及难溶物的溶解度各有何影响？联系实验说明之。

（2）缓冲溶液的组成有何特征？为什么它具有控制溶液 pH 值的功能？

（3）比较$K_{sp}^{\ominus}(Ag_2CrO_4)$和$K_{sp}^{\ominus}(AgCl)$数值的大小，为何在相同浓度的 Cl^- 和 CrO_4^{2-} 混合溶液中，逐滴加入 0.1 mol/L $AgNO_3$ 溶液时，先生成白色 AgCl 沉淀、后生成砖红色 Ag_2CrO_4 沉淀？

实验四　配位化合物的生成和性质

一、实验目的

（1）掌握配位化合物的生成与特性，了解配离子与简单离子、配位化合物与复盐的区别。

(2)掌握配离子的解离平衡及其影响因素。

(3)初步了解螯合物的形成与特征。

二、实验原理

(一)配位化合物与复盐的区别

配位化合物简称配合物，由内界(中心离子或原子与配体以共价键结合组成的配离子)与外界(游离的离子)组成。在溶液中，配离子的性质较为稳定，中心离子或原子与配体不会大量解离成简单离子或分子。例如，配合物$(NH_4)_3[Fe(C_2O_4)_3]$(绿色或亮绿色)在水溶液中是以配离子$[Fe(C_2O_4)_3]^{3-}$和离子NH_4^+形式存在的。

复盐是由两种金属离子和一种酸根离子构成的盐，在水溶液中全部解离为简单离子。例如，复盐$(NH_4)_2Fe(SO_4)_2 \cdot 6H_2O$(浅蓝绿色)在水溶液中是以离子$NH_4^+$、$Fe^{3+}$、$SO_4^{2-}$形式存在的。

(二)配离子稳定性及其解离平衡移动

配离子在水溶液中存在解离一配合平衡。$K_d^{\ominus}$为配离子的解离常数，$K_f^{\ominus}$为配离子的生成常数。例如

$$[Cu(NH_3)_4]^{2+} \leftrightarrows Cu^{2+}(aq)+4NH_3(aq)$$

$K_d^{\ominus}$是配离子不稳定性的量度，对相同配位数的配离子来说，$K_d^{\ominus}$越大，表示配离子越容易解离；$K_f^{\ominus}$是配离子稳定性的量度，对相同配位数的配离子来说，$K_f^{\ominus}$越大，表示配离子在水中越稳定。任何一个配离子的$K_d^{\ominus}$与$K_f^{\ominus}$互为倒数关系，$K_f^{\ominus}=1/K_d^{\ominus}$。

根据化学平衡原理，解离一配合平衡是有条件的动态平衡，当改变中心离子或配体的浓度，如加入沉淀剂、氧化剂或还原剂，改变溶液的浓度或酸度等时，都能使配位平衡发生移动，甚至破坏配离子。配位反应也可用于分离和鉴定某些离子。

(三)螯合物的形成

螯合物是指由中心离子和多齿配体结合而成的具有环状结构的配合物。许多金属离子的螯合物具有特征颜色，且难溶于水，易溶于有机溶剂。例如，Ni^{2+}和丁二肟配位生成的螯合物为鲜红色沉淀，该反应常用来鉴定Ni^{2+}，反应适宜的pH值为5～10。原因在于酸度过大时，酸效应会

使配体的配位能力下降；而酸度太小，则会导致金属离子的水解反应发生。

三、主要实验仪器与药品(图 4-8)

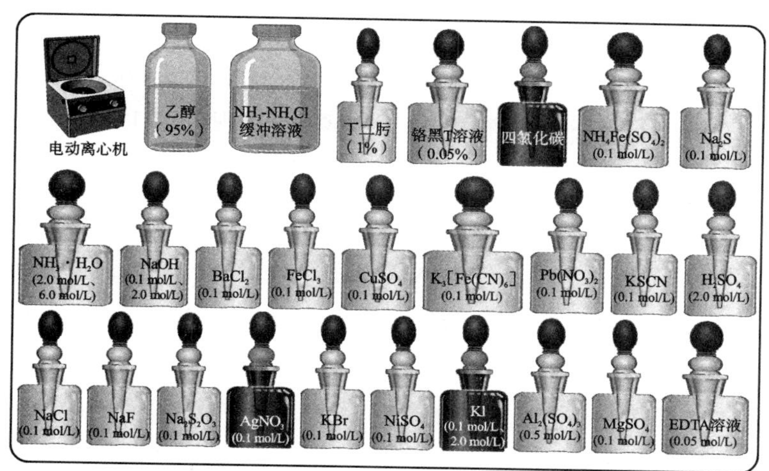

图 4-8　实验四主要仪器与药品

四、实验内容

(一)简单离子和配离子的区别

1. 简单离子的鉴定

在两支试管中各加入 5 滴 0.1 mol/L $CuSO_4$ 溶液，然后分别加入 2 滴 1.0 mol/L $BaCl_2$ 溶液和 2.0 mol/L NaOH 溶液，观察现象。

2. 配离子的生成与鉴定

取 10 滴 0.1 mol/L $CuSO_4$ 溶液，向其中加入 6.0 mol/L $NH_3 \cdot H_2O$ 至生成深蓝色溶液。然后将该溶液分为两份盛放在两个试管中，向一支试管中加入 2 滴 1.0 mol/L $BaCl_2$ 溶液，向另一支试管中加入 2 滴 2.0 mol/L NaOH 溶液，观察是否都有沉淀生成。

根据上面实验的结果，说明 $CuSO_4$ 和 NH_3 所形成的配位化合物的组成。

(二)配合物与复盐及简单盐的区别

在 3 支试管中分别加入 10 滴 0.1 mol/L $FeCl_3$ 溶液、0.1 mol/L $NH_4Fe(SO_4)_2$ 溶液和 0.1 mol/L $K_3[Fe(CN)_6]$溶液，然后各加入 2 滴

0.1 mol/L KSCN 溶液，观察溶液的颜色，解释现象。

(三)配离子的解离平衡及其移动

1. 配离子的解离平衡

取 15 滴 0.1 mol/L $CuSO_4$ 溶液，向其中加入 6.0 mol/L $NH_3 \cdot H_2O$ 至生成深蓝色溶液。然后将该溶液分为 3 份盛放在 3 个试管中，向这 3 个试管中分别加入 2 滴 0.1 mol/L Na_2S 溶液、0.1 mol/L NaOH 溶液和 2.0 mol/L H_2SO_4 溶液，观察每个试管中的现象，加以解释。

2. 配离子之间的相互转化

在试管中加入 2 滴 0.1 mol/L $FeCl_3$ 溶液，加水稀释到溶液几乎无色，向其中加入 2 滴 0.1 mol/L KSCN 溶液，观察现象。在不断摇动下，向加过 KSCN 溶液后的溶液中加入数滴 0.1 mol/L NaF 溶液，观察溶液颜色的变化，加以解释。

3. 配位平衡与沉淀溶解平衡

向一支试管中加入 5 滴 0.1 mol/L $AgNO_3$ 溶液，依次进行下面的实验操作：

(1)滴加 5 滴 0.1 mol/L NaCl 溶液至生成白色沉淀；

(2)滴加数滴 6.0 mol/L $NH_3 \cdot H_2O$ 至白色沉淀刚好溶解；

(3)滴加 2 滴 0.1 mol/L KBr 溶液至生成浅黄色沉淀；

(4)滴加数滴 1.0 mol/L $Na_2S_2O_3$ 溶液至浅黄色沉淀溶解；

(5)滴加数滴 0.1 mol/L KI 溶液至生成黄色沉淀；

(6)滴加数滴 0.1 mol/L Na_2S 溶液至生成黑色沉淀。

通过上述系列实验，认识配离子与难溶电解质之间的相互转化条件。

4. 配位平衡与氧化还原平衡

向两支试管中各加入 5 滴 0.1 mol/L $FeCl_3$ 溶液，其中一支中再加少量 0.1 mol/L NaF 溶液。然后向每支试管中加 10 滴 CCl_4，再滴加 0.1 mol/L KI 溶液，振荡试管。观察每支试管中 CCl_4 层的颜色，写出有关反应方程式。

(四)配合物的简单制备

1. $[Cu(NH_3)_4]SO_4 \cdot H_2O$ 的生成

取 5 mL 0.1 mol/L $CuSO_4$ 溶液于小烧杯中，在不断搅拌下滴加数滴 6.0 mol/L $NH_3 \cdot H_2O$，直到最初生成的碱式盐$[Cu(NH_3)_4]SO_4$ 沉

淀又溶解为止。然后在搅拌下加入约 3 mL 95% 乙醇。由于 $[Cu(NH_3)_4]SO_4 \cdot H_2O$ 在乙醇中的溶解度较小，因此此时晶体就会缓慢析出。仔细观察晶体的析出过程。静置片刻后，将制得的晶体过滤，再用少量 95% 乙醇洗涤晶体两次。观察晶体的颜色，写出有关反应方程式。

2. $K_2[PbI_4]$的生成

向试管中加入 3 滴 0.1 mol/L $Pb(NO_3)_2$ 溶液后，再逐滴加入 0.1 mol/L KI 溶液，观察生成沉淀的颜色，指出该化合物是什么。取出上层清液，往沉淀中滴加 2.0 mol/L KI 溶液，观察沉淀是否溶解，为什么？然后用去离子水稀释该溶液，观察沉淀是否又生成。解释现象，写出有关反应方程式。

(五)螯合物的形成与离子的鉴定

1. Mg^{2+} 的鉴定

向试管中加入 0.5 mL 去离子水、5 滴 0.1 mol/L $MgSO_4$ 溶液和 1 mL NH_3-NH_4Cl 缓冲溶液，再加入 1 滴 0.05%铬黑 T 溶液，观察溶液的颜色。然后在不断摇动下滴加 0.05 mol/L EDTA 溶液，观察溶液的颜色变化，解释现象。

2. Ni^{2+} 的鉴定

向试管中加入 2 滴 0.1 mol/L $NiSO_4$ 溶液、2 滴 2.0 mo/L $NH_3 \cdot H_2O$，再加入 1 滴 1%丁二肟，观察沉淀的颜色。

五、实验现象记录(表 4-5)

表 4-5 实验四实验现象记录表

序号	实验项目	实验现象
1	①简单离子的鉴定，分别说明两支试管中的现象	
	②配离子的生成与鉴定，分别说明两支试管中是否都有沉淀生成	
	③根据上述实验现象，说明 $CuSO_4$ 和 NH_3 所形成的配位化合物的组成	
2	配合物与复盐及简单盐的区别，分别说明 3 支试管中的现象	

续表

序号	实验项目	实验现象
3	①配离子的解离，分别说明 3 支试管中的现象	
	②配离子之间的相互转化，观察并记录溶液的变化	
	③配位平衡与沉淀溶解平衡，观察并记录现象	
	④配位平衡与氧化还原平衡，分别说明两支试管中的现象	
4	①$[Cu(NH_3)_4]SO_4 \cdot H_2O$ 的生成，记录晶体颜色	
	②$K_2[PbI_4]$的生成，记录对应的实验现象	
5	①Mg^{2+} 的鉴定，记录溶液的颜色变化	
	②Ni^{2+} 的鉴定，记录沉淀的颜色	

六、思考题

(1)配合物与复盐的主要区别是什么？如何通过实验来证明？

(2)根据本实验中观察到的现象，总结影响配位离子解离的因素有哪些。

实验五　氮、磷、锑、铋的化合物性质

一、实验目的

(1)掌握硝酸及其盐、亚硝酸及其盐的重要性质。

(2)了解磷酸盐的主要性质。

(3)了解锑和铋化合物的性质。

二、实验原理

(一)硝酸及其盐

硝酸是强酸，也是强氧化剂，其被还原的产物有多种，如 NO_2、

HNO_2、NO、N_2O、N_2、NH_4NO_3，而且往往是多种气体混合物。硝酸与金属反应时，被还原的产物取决于硝酸的浓度和金属的活泼性：与同种金属反应，硝酸越稀，氮被还原的程度越大；与同浓度硝酸反应，金属越活泼，硝酸被还原的程度越大。例如

$$Cu+4HNO_3(\text{浓})=Cu(NO_3)_2+2NO_2\uparrow+2H_2O$$

$$3Cu+8HNO_3(\text{稀})=3Cu(NO_3)_2+2NO\uparrow+4H_2O$$

$$4Zn+10HNO_3(\text{稀})=4Zn(NO_3)_2+N_2O\uparrow+5H_2O$$

$$4Zn+10HNO_3(\text{很稀})=4Zn(NO_3)_2+NH_4NO_3+3H_2O$$

大多数硝酸盐是无色易溶于水的晶体，其水溶液无氧化性。固态硝酸盐在常温下比较稳定，在高温时分解而显氧化性。分解产物随金属离子的不同而表现出差异。

（二）亚硝酸及其盐

实验室可通过稀酸与亚硝酸盐反应来制备亚硝酸。亚硝酸很不稳定，仅存在于冷的稀溶液中。浓缩或加热时，亚硝酸可分解为 N_2O_3，使水溶液呈浅蓝色；N_2O_3 又分解为 NO_2 和 NO，使气相出现 NO_2 红棕色，即

$$2HNO_2 \rightleftharpoons N_2O_3+H_2O \rightleftharpoons NO\uparrow+NO_2\uparrow+H_2O$$

该反应可应用于 NO_2^- 的鉴定。

在亚硝酸及其盐中，氮的氧化数处于中间状态，因此亚硝酸及其盐既有氧化性又有还原性。在酸性介质中，亚硝酸盐是强氧化剂；在与其他强氧化剂反应时，亚硝酸盐可被氧化成 NO_3^-。例如

$$Fe^{2+}+NO_2^-+2H^+=Fe^{3+}+NO+H_2O$$

$$2I^-+2NO_2^-+4H^+=I_2+2NO+2H_2O$$

$$2MnO_4^-+5NO_2^-+6H^+=5NO_3^-+2Mn^{2+}+3H_2O$$

NO_3^- 可用棕色环法鉴定。方法是：在装有硝酸盐溶液的试管中加入少量硫酸亚铁晶体，沿试管壁小心加入浓硫酸，由于生成了棕色的配离子 $[Fe(NO)(H_2O)_5]^{2+}$，因此在浓硫酸与溶液的界面处会出现“棕色环”。有关反应方程式为

$$3Fe^{2+}+NO_3^-+4H^+=3Fe^{3+}+NO+2H_2O$$

$$[Fe(H_2O)_6]^{2+}+NO=[Fe(NO)(H_2O)_5]^{2+}+H_2O$$

NO_2^- 也有上述同样的反应，但需在醋酸溶液中。NO_2^- 与 $FeSO_4$ 反

应形成棕色溶液，利用这一反应也可鉴定 NO_2^-。由此可见，NO_2^- 的存在会干扰 NO_3^- 的鉴定，所以可先加入 NH_4Cl 共热，以破坏 NO_2^-。也可以利用这个反应来鉴定 NO_2^-：

$$NH_4^+ + NO_2^- = N_2\uparrow + 2H_2O$$

（三）磷酸盐的性质

磷酸盐有 3 种类型：磷酸正盐、磷酸一氢盐和磷酸二氢盐。磷酸二氢盐均溶于水，而其他两种盐除 K^+、Na^+、NH_4^+ 盐外，一般不溶于水。可溶性磷酸盐在水中都有不同程度的水解，使溶液显示出不同的酸碱性。利用磷酸盐的这种性质，可配制几种不同 pH 值的标准缓冲溶液。

PO_4^{3-} 能与钼酸铵生成黄色难溶的晶体，用此反应可鉴定 PO_4^{3-}。

$$PO_4^{3-} + 3NH_4^+ + 12MoO_4^{2-} + 24H^+ =$$

$$(NH_4)_3PO_4 \cdot 12MoO_3 \cdot 6H_2O\text{（黄色沉淀）}\downarrow + 6H_2O$$

（四）锑和铋化合物的性质

锑、铋有氧化数为＋3 和＋5 两个系列的氧化物及其水合物，氧化数为＋3 的化合物具有还原性，氧化数为＋5 的化合物具有氧化性。反应酸度的变化，会引起锑、铋化合物氧化还原能力的变化。在强酸性介质中，铋酸钠可将 Mn^{2+} 氧化为 MnO_4^-；而只有在强碱性条件下，$Bi(OH)_3$ 才能被强的氧化剂氧化。

$$5NaBiO_3 + 2Mn^{2+} + 14H^+ = 2MnO_4^- + 5Bi^{3+} + 5Na^+ + 7H_2O$$

锑、铋都能生成不溶于稀酸的有色硫化物：Sb_2S_3 和 Sb_2S_5 为橙色，Bi_2S_3 为黑色。锑的硫化物能溶于 $(NH_4)_2S$ 或 Na_2S 中生成硫代酸盐，而铋的硫化物则不溶。例如

$$Sb_2S_3 + 3Na_2S = 2Na_3SbS_3\text{（硫代亚锑酸钠）}$$

$$Sb_2S_5 + 3Na_2S = 2Na_3SbS_4\text{（硫代锑酸钠）}$$

Sb^{3+} 在锡片上可以被还原为金属锑，使锡片呈现黑色；在碱性条件下，Bi^{3+} 可以被亚锡酸钠还原为黑色的金属铋。可利用这个两个反应来鉴定 Sb^{3+} 和 Bi^{3+}：

$$2Sb^{3+} + 3Sn = 2Sb + 3Sn^{2+}$$

$$2Bi(OH)_3 + 3SnO_2^{2-} = 2Bi\downarrow + 3SnO_3^{2-} + 3H_2O$$

三、主要实验仪器与药品(图 4-9)

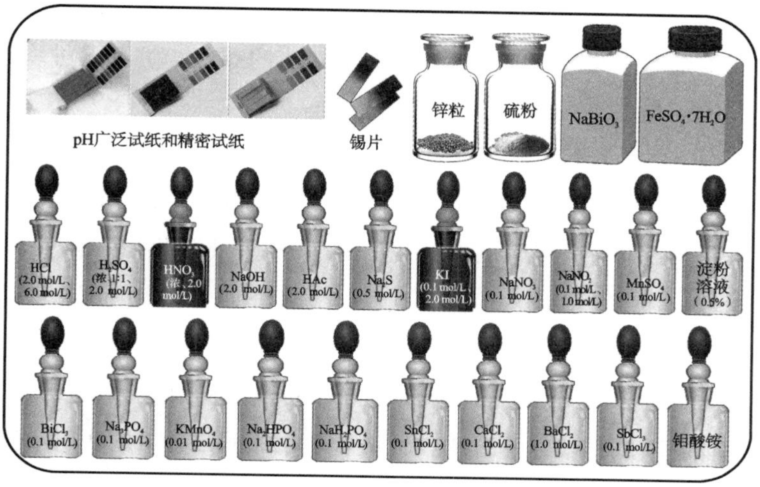

图 4-9　实验五主要实验仪器与药品

四、实验内容

(一)硝酸及其盐的性质

1. 硝酸与非金属的反应

向两支试管中各加入少量硫粉，然后分别加入 1 mL 2.0 mol/L HNO_3 溶液和 1 mL 浓 HNO_3，将两支试管加热煮沸(应在通风橱中操作)后，检验是否都有 SO_4^{2-} 生成。

2. 硝酸与金属的反应

向两支试管中各加入少量锌粒，然后分别加入约 1 mL 浓 HNO_3(应在通风橱中操作)、1 mL 2.0 mol/L HNO_3 溶液，观察现象，并写出反应方程式。

3. NO_3^- 的鉴定

向试管中加入 1 mL 0.1 mol/L $NaNO_3$ 溶液，再加入 1～2 小粒 $FeSO_4$ 晶体。待晶体溶解后，将试管斜持，沿试管壁慢慢滴加 5～10 滴浓 H_2SO_4。观察在浓 H_2SO_4 与溶液交界处出现的棕色环，写出反应方程式。

(二)亚硝酸及其盐的性质

1. 亚硝酸的生成与性质

向试管中加入 10 滴 1.0 mol/L $NaNO_2$ 溶液，然后滴加 1∶1 的 H_2SO_4 溶液。观察溶液的颜色和液面上气体的颜色。解释这种现象，写出反应方程式。

2. 亚硝酸的氧化性

向试管中加入 5 滴 0.1 mo/L $NaNO_2$ 溶液和 0.1 mol/L KI 溶液，观察是否发生反应。然后用 1.0 mol/L H_2SO_4 溶液酸化，观察现象，并证明是否有 I_2 生成。写出反应方程式。

3. 亚硝酸的还原性

向试管中加入 5 滴 0.1 mol/L $NaNO_2$ 溶液和 3 滴 0.01 mol/L $KMnO_4$ 溶液，观察紫色是否褪去。然后用 2.0 mol/L H_2SO_4 溶液酸化，观察现象。写出反应方程式。

4. NO_2^- 的鉴定

向试管中加入 10 滴 0.1 mo/L $NaNO_2$ 溶液，加入数滴 2.0 mol/L HAc 酸化，再加入 1～2 小粒 $FeSO_4$ 晶体，待晶体溶解后，如有棕色出现，则证明有 NO_2^- 存在。

(三)磷酸盐的性质

1. 磷酸盐的酸碱性

用 pH 试纸分别测定 0.1 mol/L Na_3PO_4 溶液、0.1 mol/L Na_2HPO_4 溶液、0.1 mol/L NaH_2PO_4 溶液的 pH 值，并与计算值相比较。

2. 磷酸盐的溶解性

向 3 支试管中各加入 10 滴 0.1 mol/L $CaCl_2$ 溶液，分别加入等量的 0.1 mol/L Na_3PO_4 溶液、0.1 mol/L Na_2HPO_4 溶液、0.1 mol/L NaH_2PO_4 溶液，观察各试管中是否有沉淀生成。向这 3 个试管中先分别加入 2.0 mol/L NaOH 溶液，观察发生的现象；再分别加入 2.0 mol/L HCl 溶液，观察发生的现象。说明磷酸的 3 种钙盐的溶解性。

3. PO_4^{3-} 的鉴定

向试管中加入 5 滴 0.1 mol/L Na_3PO_4 溶液和 10 滴浓 HNO_3，再加入 20 滴钼酸铵试剂，微热后，观察黄色沉淀的产生。

(四)锑和铋化合物的性质

1. 氧化值为+3的锑和铋氢氧化物的酸碱性

向试管中加入5滴0.1 mol/L $SbCl_3$ 溶液,再加入5滴2.0 mol/L NaOH溶液,观察现象;然后将混合物分成两份,分别加入2.0 mol/L HCl溶液和2.0 mol/L NaOH溶液,检验 $Sb(OH)_3$ 的酸碱性。

用0.1 mol/L $BiCl_3$ 溶液重复上述实验,观察现象,说明 $Bi(OH)_3$ 的酸碱性。分别写出反应方程式。

2. 氧化值为+5的铋的氧化性

向试管中加入3滴0.1 mol/L $MnSO_4$ 溶液和约1 mL 1∶1 H_2SO_4 溶液,再加入少许 $NaBiO_3$ 固体,振荡并微热,观察溶液的颜色。解释现象,并写出反应方程式。

3. 氧化值为+3的锑和铋的硫化物的鉴定

向试管中加入10滴0.1 mol/L $SbCl_3$ 溶液和5滴0.5 mol/L Na_2S 溶液,观察沉淀的颜色。静置片刻或离心沉降后,将沉淀分为两份,分别滴加入6.0 mol/L HCl溶液和0.5 mol/L Na_2S 溶液,振荡,观察沉淀是否溶解。在装有0.5 mol/L Na_2S 溶液的试管中,再加入2.0 mol/L HCl溶液,观察是否又有沉淀产生。解释现象,并写出反应方程式。

用0.1 mol/L $BiCl_3$ 溶液重复上述实验,比较两次实验的结果。

4. Sb^{3+} 和 Bi^{3+} 的鉴定

在一小片光亮的锡片上滴加1滴0.1 mol/L $SbCl_3$ 溶液,锡片上出现黑色,此法可鉴定 Sb^{3+} 的存在。取5滴0.1 mol/L $SnCl_2$ 溶液,向其中滴加2.0 mol/L NaOH溶液,发现有白色沉淀生成;继续加入2.0 mol/L NaOH溶液并不断振荡试管直到白色沉淀消失,此溶液为亚锡酸钠溶液。向亚锡酸钠溶液中加入5滴0.1 mol/L $BiCl_3$ 溶液,再滴入2.0 mol/L NaOH溶液并不断振荡试管,直到有黑色沉淀生成,此法可鉴定 Bi^{3+} 的存在。

五、实验现象记录(表 4-6)

表 4-6　实验五实验现象记录表

序号	实验项目	实验现象
1	①硝酸与非金属的反应，两支试管中是否都有 SO_4^{2-} 生成	
	②硝酸与金属的反应，观察两支试管中的现象，并写出化学反应方程式	
	③NO_3^- 的鉴定，是否有棕色环出现	
2	①亚硝酸的生成与性质，记录溶液的颜色和液面上气体的颜色	
	②亚硝酸的氧化性，记录反应现象	
	③亚硝酸的还原性，记录反应现象	
	④NO_2^- 的鉴定，是否有棕色环出现	
3	①磷酸盐的酸碱性，pH 试纸测试值	
	②磷酸盐的溶解性，记录 3 支试管中的现象	
	③PO_4^{3-} 的鉴定，记录现象	
4	①氧化值为+3 的锑氢氧化物的酸碱性，记录现象，并说明 $Sb(OH)_3$ 的酸碱性	
	②氧化值为+3 的铋氢氧化物的酸碱性，记录现象，并说明 $Bi(OH)_3$ 的酸碱性	
	③氧化值为+5 的铋的氧化性，记录现象	
	④氧化值为+3 的锑的硫化物，记录现象	
	⑤氧化值为+3 的铋的硫化物，记录现象	
	⑥Sb^{3+} 的鉴定，记录现象	
	⑦Bi^{3+} 的鉴定，记录现象	

六、思考题

(1)如果用 Na_2SO_3 代替 KI 来证明 $NaNO_3$ 具有氧化性，那么应如何进行实验？

(2)锑和铋的硫化物的酸碱性与氢氧化物的酸碱性有何异同？

实验六　铬、锰、铁、钴、镍的化合物性质

一、实验目的

(1)了解铬、锰、铁、钴、镍的氢氧化物的生成和性质。

(2)掌握铬(Ⅵ)和锰(Ⅶ)化合物的氧化性。

(3)了解铁、钴、镍的配位化合物的生成和性质。

二、实验原理

(一)铬、锰、铁、钴、镍的氢氧化物

向 Cr^{3+}、Mn^{2+}、Fe^{2+}、Fe^{3+}、Co^{2+}、Ni^{2+} 等盐溶液中分别加入适量的 NaOH 溶液，均能生成有颜色的难溶氢氧化物，产物及其主要性质如表 4-7 所列。

表 4-7　铬、锰、铁、钴、镍的氢氧化物的性质

盐溶液	加适量 NaOH 的产物	颜色	稳定性
Cr^{3+}	$Cr(OH)_3$	灰绿色	稳定
Mn^{2+}	$Mn(OH)_2$	白色	不稳定
Fe^{2+}	$Fe(OH)_2$	白色	不稳定
Fe^{3+}	$Fe(OH)_3$	红棕色	稳定
Co^{2+}	$Co(OH)_2$	粉红色或蓝色	较稳定
Ni^{2+}	$Ni(OH)_2$	浅绿色	稳定

$Cr(OH)_3$ 呈两性，既溶于酸又溶于碱：

$$Cr(OH)_3+OH^-=[Cr(OH)_4]^-(\text{亮绿色})$$

$[Cr(OH)_4]^-$ 具有还原性，可将 H_2O_2 还原，在加热时发生反应：

$$2[Cr(OH)_4]^-(\text{亮绿色})+3H_2O_2+2OH^-=2CrO_4^{2-}(\text{黄色})+8H_2O$$

$Mn(OH)_2$ 在空气中很不稳定，迅速地被氧化为棕色的水合二氧化锰：

$$2Mn(OH)_2+O_2=2MnO(OH)_2$$

$Fe(OH)_2$ 在空气中迅速被氧化，生成绿色中间产物，最后为红棕色的 $Fe(OH)_3$：

$$4Fe(OH)_2+O_2+2H_2O=4Fe(OH)_3$$

$Co(OH)_2$ 在空气中缓慢被氧化为褐色的 $CoO(OH)$。$Ni(OH)_2$ 则更稳定，长久置于空气中也不会被氧化(除非与强氧化剂作用才变为黑色 $NiO(OH)$)。

从在空气中的稳定性可以看出，它们的还原能力是：

$$Fe(OH)_2>Co(OH)_2>Ni(OH)_2$$

(二) $K_2Cr_2O_7$ 和 $KMnO_4$ 的重要性质

$K_2Cr_2O_7$(重铬酸钾)为橙红色晶体，K_2CrO_4(铬酸钾)为黄色晶体。在酸性条件下，$K_2Cr_2O_7$ 具有较强的氧化性，可被还原为 Cr^{3+}，如

$$Cr_2O_7^{2-}+6I^-+14H^+=2Cr^{3+}+3I_2+7H_2O$$

$$Cr_2O_7^{2-}+3SO_3^{2-}+8H^+=2Cr^{3+}+3SO_4^{2-}+4H_2O$$

$$Cr_2O_7^{2-}+6Fe^{2+}+14H^+=2Cr^{3+}+6Fe^{3+}+7H_2O$$

最后一个反应在分析化学中用来测定 Fe^{2+} 的含量。

在不同条件下，重铬酸盐与铬酸盐可以相互转化：

$$2CrO_4^{2-}(\text{黄色})+2H^+ \underset{OH^-}{\overset{H^+}{\rightleftharpoons}} Cr_2O_7^{2-}(\text{橙色})+H_2O$$

重铬酸盐大多易溶于水，而铬酸盐除钾、钠、铵盐外，大多难溶于水。在重铬酸盐溶液中加入 Ba^{2+}、Ag^+、Pb^{2+} 等离子时，将生成铬酸盐沉淀：

$$Cr_2O_7^{2-}+2Ba^{2+}+H_2O=2BaCrO_4(\text{柠檬黄})\downarrow+2H^+$$

$$Cr_2O_7^{2-}+2Pb^{2+}+H_2O=2PbCrO_4(\text{铬黄})\downarrow+2H^+$$

$$Cr_2O_7^{2-}+4Ag^++H_2O=2Ag_2CrO_4(\text{砖红})\downarrow+2H^+$$

在酸性条件下，$Cr_2O_7^{2-}$ 可氧化 H_2O_2：

$$Cr_2O_7^{2-}+3H_2O_2+8H^+=2Cr^{3+}+3O_2\uparrow+7H_2O$$

在反应过程中，首先生成可在乙醚中比较稳定存在的蓝色 CrO_5(过氧化铬)：

$$Cr_2O_7^{2-}+4H_2O_2+2H^+=2CrO_5+5H_2O$$

然后 CrO_5 缓慢分解为 Cr^{3+}，并放出 O_2。此反应可用于检验铬(Ⅵ)或过氧化氢。

$KMnO_4$ 是紫红色晶体，是常用的氧化剂。$KMnO_4$ 的氧化能力随介

质酸性减弱而减弱，其还原产物随介质酸碱性的不同而变化。MnO_4^- 在酸性、中性和碱性介质中的还原产物分别为 Mn^{2+}、MnO_2 和 MnO_4^{2-}，如

$$2MnO_4^-(\text{紫红色})+5SO_3^{2-}+6H^+=2Mn^{2+}(\text{淡红色或无色})+5SO_4^{2-}+3H_2O$$

$$2MnO_4^-+3SO_3^{2-}+H_2O=2MnO_2(\text{棕色})\downarrow+3SO_4^{2-}+2OH^-$$

$$2MnO_4^-+SO_3^{2-}+2OH^-=2MnO_4^{2-}(\text{绿色})+SO_4^{2-}+H_2O$$

Mn^{2+} 为浅粉红色，稀溶液时近乎无色，强酸中能稳定存在。而强氧化剂（如 $NaBiO_3$）在强酸性介质中能把 Mn^{2+} 氧化为紫红色的 MnO_4^-，用此反应来鉴定 Mn^{2+}：

$$5NaBiO_3+2Mn^{2+}+14H^+=2MnO_4^-+5Bi^{3+}+5Na^++7H_2O$$

（三）铁、钴、镍的配位化合物的生成和性质

Fe^{2+}、Co^{2+}、Ni^{2+} 均能与氨水形成氨合配离子，其配合物的稳定性按 Fe^{2+}、Co^{2+}、Ni^{2+} 的顺序依次增强。Fe^{2+} 难以形成稳定的氨合配离子。Co^{2+} 与过量氨水反应可形成土黄色的 $[Co(NH_3)_6]^{2+}$，此配离子在空气中缓慢被氧化为更稳定的红褐色 $[Co(NH_3)_6]^{3+}$，$[Co(NH_3)_6]^{3+}$ 比 Co^{3+} 稳定。Ni^{2+} 在过量氨水中可生成比较稳定的蓝色 $[Ni(NH_3)_6]^{2+}$。

$$4[Co(NH_3)_6]^{2+}+O_2+2H_2O=4[Co(NH_3)_6]^{3+}+4OH^-$$

Fe^{2+}、Co^{2+}、Ni^{2+} 均能与 CN^- 形成配合物。Fe^{2+} 在过量 KCN 溶液中形成稳定的 $[Fe(CN)_6]^{4-}$。$[Fe(CN)_6]^{4-}$ 可被氧化剂氧化为 $[Fe(CN)_6]^{3-}$。$[Fe(CN)_6]^{4-}$ 从溶液中析出黄色晶体 $K_4[Fe(CN)_6]\cdot 3H_2O$，俗称黄血盐。$[Fe(CN)_6]^{3-}$ 从溶液中析出深红色晶体 $K_3[Fe(CN)_6]$，俗称赤血盐。Fe^{2+} 盐溶液中加入赤血盐或 Fe^{3+} 盐溶液中加入黄血盐，均能生成蓝色沉淀：

$$K^++Fe^{2+}+[Fe(CN)_6]^{3-}=[KFe(CN)_6Fe](\text{藤氏蓝})$$

$$K^++Fe^{3+}+[Fe(CN)_6]^{4-}=[KFe(CN)_6Fe](\text{普鲁士蓝})$$

用这两个反应可分别鉴定 Fe^{2+} 和 Fe^{3+}。

Co^{2+} 在过量的 KCN 溶液中，可先形成茶绿色的 $[Co(CN)_5H_2O]^{3-}$，然后被空气氧化为黄色的 $[Co(CN)_6]^{3-}$。

Ni^{2+} 与过量的 KCN 溶液反应生成稳定的橙黄色 $[Ni(CN)_4]^{2-}$ 配离子，在较浓的 CN^- 溶液中可形成深红色的 $[Ni(CN)_5]^{3-}$。

Fe^{2+} 可与 KSCN 形成血红色配合物 $[Fe(NCS)_n]^{3-n}$，n 值随溶液中 SCN^- 的浓度和酸度而定。此反应用于鉴定 Fe^{3+}。

Co^{2+} 与 KSCN 形成蓝色的 $[Co(NCS)_4]^{2-}$ 配离子。该配离子在水中不稳定，但在丙酮等有机溶剂中稳定且颜色显著加深。用此反应来鉴定 Co^{2+}。

Ni^{2+} 可通过在有氨水存在的弱碱性水溶液中与丁二肟反应生成鲜红色螯合物来鉴定。

三、主要实验仪器与药品(图 4-10)

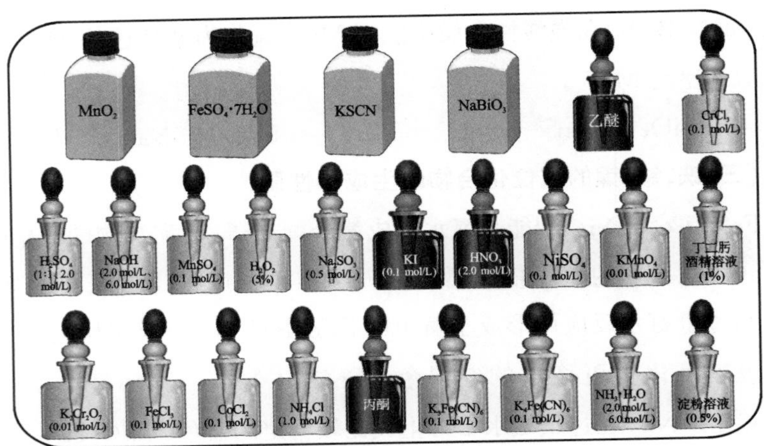

图 4-10　实验六主要实验仪器与药品

四、实验内容

(一)铬和锰

1. 氢氧化物的生成与性质

(1) $Cr(OH)_3$ 的制备与性质。

用 $CrCl_3$ 溶液制备沉淀 $Cr(OH)_3$，观察沉淀的颜色。用实验证明 $Cr(OH)_3$ 是否有两性，写出反应方程式。

(2) $Mn(OH)_2$ 的制备与性质。

向 3 支试管中各加入 10 滴 0.1 mol/L $MnSO_4$ 溶液，然后分别加入 5 滴 2.0 mol/L NaOH 溶液，观察沉淀的生成。用其中的两个试管检验沉淀是否呈两性；另一支试管在空气中振荡，注意观察沉淀的颜色变化。解释现象。

2. 主要氧化数化合物的性质

(1) $CrCl_3$ 被氧化。

向试管中加入 5 滴 0.1 mol/L $CrCl_3$ 溶液，再加入过量 6.0 mol/L

NaOH 溶液，观察溶液的颜色。然后加入适量 3% H_2O_2 溶液，加热，观察溶液的颜色。解释现象，写出反应方程式。

(2)重铬酸盐与铬酸盐的相互转变。

取几滴 0.01 mol/L $K_2Cr_2O_7$ 溶液，向其中加入少许 2.0 mol/L NaOH 溶液，观察溶液的颜色。然后用 2.0 mol/L H_2SO_4 溶液酸化，观察溶液的颜色变化。写出反应方程式。

(3)K_2MnO_4 的生成。

在 10 滴 0.01 mol/L $KMnO_4$ 溶液中加入 10 滴 6.0 mol/L NaOH 溶液，然后加入小米粒大小的 MnO_2 固体，振荡，微热后静置片刻，观察上层清液的颜色。若现象不明显，则离心沉降后观察。写出反应方程式。

(4)高锰酸钾还原产物与介质的关系。

在酸性、中性和碱性溶液中，$KMnO_4$ 被 Na_2SO_3 溶液还原的产物各是什么？试根据实验现象作出结论，写出反应方程式。

3. Cr^{3+}、$Cr_2O_7^{2-}$ 和 Mn^{2+} 的鉴定

(1)Cr^{3+} 或 $Cr_2O_7^{2-}$ 的鉴定。

取 3 滴 0.01 mol/L $K_2Cr_2O_7$ 溶液，用 2.0 mol/L HNO_3 酸化后，加入数滴乙醚和 3% H_2O_2 水溶液，乙醚层呈蓝色，表明有 $Cr_2O_7^{2-}$ 存在。取 2 滴 0.1 mol/L $CrCl_3$ 溶液，加入过量 6.0 mol/L NaOH 溶液，使生成 $[Cr(OH)_4]^-$ 后，再加入 3 滴 5% H_2O_2 水溶液，微热至溶液呈浅黄色。冷却，加入 10 滴乙醚，用 2.0 mol/L HNO_3 酸化，乙醚层呈蓝色，表明有 Cr^{3+} 存在。

(2)Mn^{2+} 的鉴定。

取 3 滴 0.1 mol/L $MnSO_4$ 溶液，加入约 1 mL 1∶1 H_2SO_4 溶液，再加入少许 $NaBiO_3$ 固体，振荡并微热，溶液呈紫红色，表明有 Mn^{2+} 存在。

(二)铁、钴、镍

1. 主要氧化数化合物的性质

(1)氧化数为＋2 的氢氧化物的生成与性质。

①$Fe(OH)_2$ 的制备与性质。

向试管中加入 2 mL 去离子水，加 2 滴 2.0 mol/L H_2SO_4 酸化。加热煮沸片刻，以除去水中的溶解氧。然后，在煮沸的水中加几粒 $FeSO_4 \cdot 7H_2O$ 固体使溶解。取 1 mL 2.0 mol/L NaOH 溶液，加热煮沸

片刻后，迅速倒入 $FeSO_4$ 溶液中（不要摇动），观察现象。搅拌均匀后，将溶液分为 3 份，一份静置片刻，观察沉淀颜色的变化，另外两份检验 $Fe(OH)_2$ 的酸碱性。解释现象，写出反应方程式。

②$Co(OH)_2$ 的制备与性质。

在少许 0.1 mol/L $CoCl_2$ 溶液中滴加 2.0 mol/L NaOH 溶液，观察现象。然后，将溶液分为 3 份，一份微热后，观察沉淀颜色的变化，另外两份检验 $Co(OH)_2$ 的酸碱性。解释现象，写出反应方程式。

③$Ni(OH)_2$ 的制备与性质。

在少许 0.1 mol/L $NiSO_4$ 溶液中滴加 2.0 mol/L NaOH 溶液，观察现象。然后，将溶液分为 3 份，一份在空气中放置，观察沉淀的颜色是否有变化，另外两份检验 $Ni(OH)_2$ 的酸碱性。解释现象，写出反应方程式。

根据①、②、③三项实验结果，总结氧化数为＋2 的铁、钴、镍的氢氧化物的酸碱性和还原性。

(2)氧化数为＋3 的氢氧化物的生成与性质。

主要为 $Fe(OH)_3$ 的制备与性质。

在少许 0.1 mol/L $FeCl_3$ 溶液中滴加 2.0 mol/L NaOH 溶液，观察沉淀的颜色和形状。写出反应方程式。

(3)Fe^{2+} 盐的还原性与 Fe^{3+} 盐的氧化性。

取几粒 $FeSO_4 \cdot 7H_2O$ 固体溶解后，向其中加入几滴 0.01 mol/L $KMnO_4$ 溶液，用 1∶1 H_2SO_4 将溶液酸化后，观察现象。在少许 0.1 mol/L KI 溶液中加入几滴 0.1 mol/L $FeCl_3$ 溶液，观察现象。写出反应方程式。

2. 重要配合物及离子的鉴定

(1)铁配合物及 Fe^{2+}、Fe^{3+} 的鉴定。

①氧化数为＋2 的铁的配合物与 Fe^{3+} 的鉴定。

在少许 0.1 mol/L $K_4[Fe(CN)_6]$ 溶液中滴加 2.0 mol/L NaOH 溶液，是否有 $Fe(OH)_2$ 沉淀产生？为什么？在 0.1 mol/L $FeCl_3$ 溶液中滴加 2 滴 $K_4[Fe(CN)_6]$ 溶液，观察现象。写出反应方程式。此法用于鉴定 Fe^{3+}。也可以用 $FeCl_3$ 溶液与 KSCN 溶液生成血红色溶液来鉴定 Fe^{3+}。

②氧化数为＋3 的铁的配合物与 Fe^{2+} 的鉴定。

在少许 0.1 mol/L $K_3[Fe(CN)_6]$ 溶液中滴加 2.0 mol/L NaOH 溶

液，是否有 $Fe(OH)_3$ 沉淀产生？为什么？在试管中加入几粒 $FeSO_4 \cdot 7H_2O$ 固体，溶解后，滴加 2 滴 $K_3[Fe(CN)_6]$ 溶液，观察现象。写出反应方程式。此法用于鉴定 Fe^{2+}。

(2)钴配合物及 Co^{2+} 的鉴定。

①氧化数为+2 的钴的配合物。

在少许 0.1 mol/L $CoCl_2$ 溶液中加入几滴 1.0 mol/L NH_4Cl 溶液和过量的 6.0 mol/L $NH_3 \cdot H_2O$，观察溶液的颜色。在空气中静置片刻后，观察溶液颜色的变化。解释现象，写出反应方程式。

②Co^{2+} 的鉴定。

在 5 滴 0.1 mol/L $CoCl_2$ 溶液中加入少量 KSCN 固体，再加入数滴丙酮，若丙酮层呈现蓝色，则说明有 Co^{2+} 存在。

(3)镍配合物及 Ni^{2+} 的鉴定。

①镍的配合物。

在少许 0.1 mo/L $NiSO_4$ 溶液中滴加几滴 2.0 mol/L $NH_3 \cdot H_2O$，微热，观察绿色碱式盐沉淀的生成。然后加入 6.0 mol/L $NH_3 \cdot H_2O$ 和 1.0 mol/L NH_4Cl 溶液，观察绿色碱式盐沉淀的溶解及溶液的颜色，解释现象。

②Ni^{2+} 的鉴定。

在点滴板上加 2 滴 0.1 mol/L $NiSO_4$ 溶液、5 滴 2.0 mol/L $NH_3 \cdot H_2O$，再加 1 滴 1%丁二肟，若产生红色沉淀，则说明有 Ni^{2+} 存在。

五、实验现象记录(表 4-8)

表 4-8　实验六实验现象记录表

序号	实验项目	实验现象
1	①$Cr(OH)_3$ 的制备与性质，记录沉淀的颜色，是否有两性	
	②$Mn(OH)_2$ 的制备与性质，记录沉淀的生成，是否有两性，空气中沉淀颜色的变化	
2	①$CrCl_3$ 被氧化，记录溶液中的现象	
	②重铬酸盐与铬酸盐的相互转变，观察溶液的颜色变化	

续表

序号	实验项目	实验现象
2	③K_2MnO_4 的生成,观察上层清液的颜色	
	④高锰酸钾还原产物与介质的关系,根据实验现象作出结论	
3	①Cr^{3+} 或 $Cr_2O_7^{2-}$ 的鉴定,记录实验现象	
	②Mn^{2+} 的鉴定,记录实验现象	
4	①$Fe(OH)_2$ 的制备与性质,记录实验现象	
	②$Co(OH)_2$ 的制备与性质,记录实验现象	
	③$Ni(OH)_2$ 的制备与性质,记录实验现象	
	④根据上述实验现象,总结氧化数为＋2 的铁、钴、镍的氢氧化物的酸碱性和还原性	
5	$Fe(OH)_3$ 的制备与性质,记录实验现象	
6	Fe^{2+} 盐的还原性与 Fe^{3+} 盐的氧化性,记录实验现象	
7	①氧化数为＋2 的铁的配合物与 Fe^{3+} 的鉴定,记录实验现象	
	②氧化数为＋3 的铁的配合物与 Fe^{2+} 的鉴定,记录实验现象	
8	①氧化数为＋2 的钴的配合物,记录实验现象	
	②Co^{2+} 的鉴定,记录实验现象	
9	①镍的配合物,记录实验现象	
	②Ni^{2+} 的鉴定,记录实验现象	

六、思考题

(1)在酸性和碱性介质中氧化数为＋3 和＋6 的铬分别以怎样的形式存在？为什么？

(2)不同介质中高锰酸钾的还原产物各是什么？

(3)$FeCl_3$ 溶液与什么物质反应时会出现下列现象？分别写出反应方程式。

A. 生成红棕色沉淀　　　　B. 溶液变为血红色

C. 溶液变为无色　　　　　D. 生成深蓝色沉淀

第三部分

分析化学

第五章　定量化学分析

定量化学分析操作主要涉及滴定分析和重量分析，前者建立在化学反应的基础上，后者建立在物理或物理化学的基础上。二者各自的特点如图 5-1 所示。

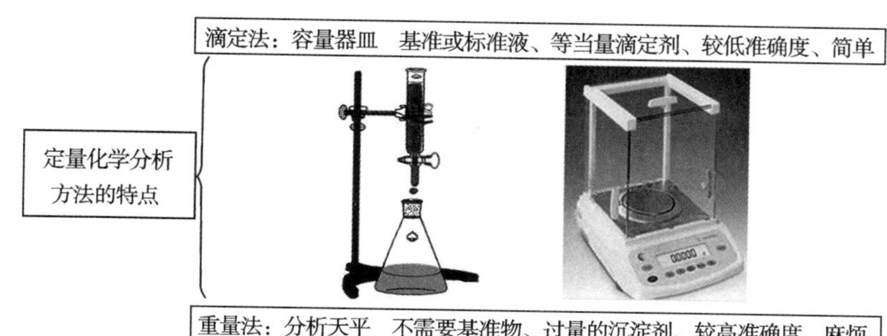

图 5-1　定量化学分析方法的特点

下面对两种定量化学分析方法中所涉及的具体操作规范与细节进行详细介绍。

一、电子天平与试样的称量方法

(一)电子天平的定义与工作原理

1. 定义

电子天平(图 5-2)是一种利用电子技术进行重量测量的设备，通常由传感器、电子秤体、显示器等组成。

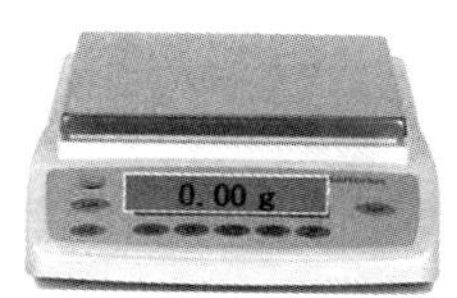

图 5-2　电子天平实物图

2. 工作原理

电子天平的核心是传感器，常见的传感器有电阻应变片传感器、电磁传感器等。当物体放在秤盘上时，物体的重力作用于传感器上，使得传感器发生形变或产生电磁感应。传感器将这些信号转化为电压信号，并经过放大、滤波等处理后，由显示器以数字形式展示出来，即为物体的重量（图 5-3）。

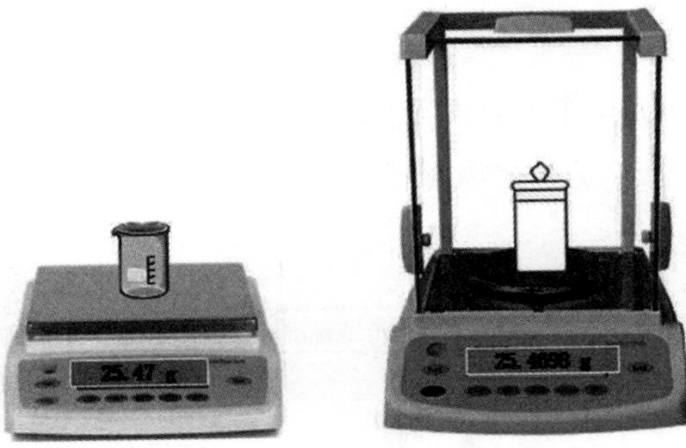

图 5-3　电子天平称量实物图

(二)电子天平的技术参数

1. 最大称量能力

电子天平的最大称量能力是指不计皮重时，能够准确测量的最大重量。通常以克(g)为单位进行表示。

2. 精度

电子天平在不同称量范围内的测量误差，用于描述电子天平的测量精度。

(三)电子天平的种类与选择

1. 选择最大称量能力

根据实际需求确定所测量物体的最大重量范围，选择相应的最大称量能力。

2. 分类

根据最大称量能力与精度，电子天平可分为常量电子天平和分析电子天平(图 5-4)。前者用于烧杯中或称量纸上试样的粗略称量，后者用于称量瓶中试样的准确称量。

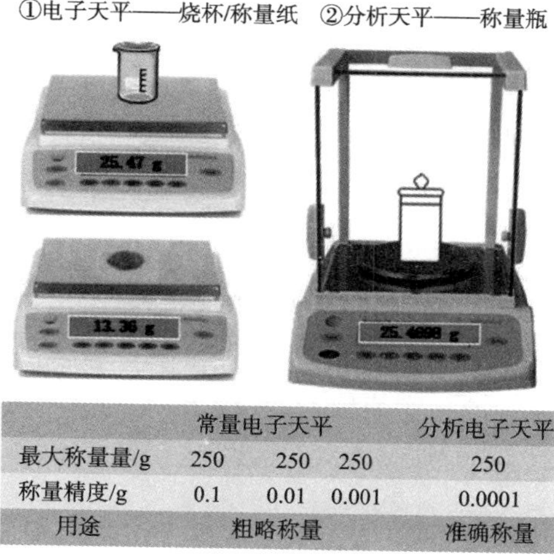

	常量电子天平			分析电子天平
最大称量量/g	250	250	250	250
称量精度/g	0.1	0.01	0.001	0.0001
用途	粗略称量			准确称量

图 5-4　电子天平的分类

(四)试样的称量方法

1. 常量电子天平的操作流程——直接称量法

如图 5-5 所示，直接称量法的称量过程如下：

(1)水平调节。

将天平底座调节在同一水平上。

(2)开机。

接通电源，按开机键开启显示屏，显示天平型号，天平开始自检，约 2 秒后显示称量模式，如“0.00 g”。

(3)称量。

将空的容器或称量纸放在秤盘上，按“TAR”键清零，再将被测物倒入容器中，待天平稳定后，读取被测物的净重。

(4)关机。

按“OFF”键关机。长时间不用时应断开电源。

图 5-5　直接称量法示意图

2. 电子分析天平的操作流程——间接称量法

间接称量法又称减量称量法、递减称量法或减量法。如图 5-6 所示，间接称量法的称量过程如下：

(1)水平调节。

调节天平底座，使水泡位于水平仪中心。

(2)开机。

接通电源，按开机键开启显示屏，显示天平型号，天平开始自检，约几秒后显示称量模式，如“0.0000 g”；若不为零，则需按“TAR”键调零。

(3)称量。

在秤盘上放置含被测物的称量瓶，关上门，待天平稳定后，即可读取质量初读数 m_1；倒出所需试样重量，在秤盘上放置含被测物的称量瓶，关上门，待天平稳定后，即可读取重量终读数 m_2；计算 m_1 与 m_2 的差值，即为倒出量 Δm。

(4)关机。

按“OFF”键关机。长时间不用时应断开电源。

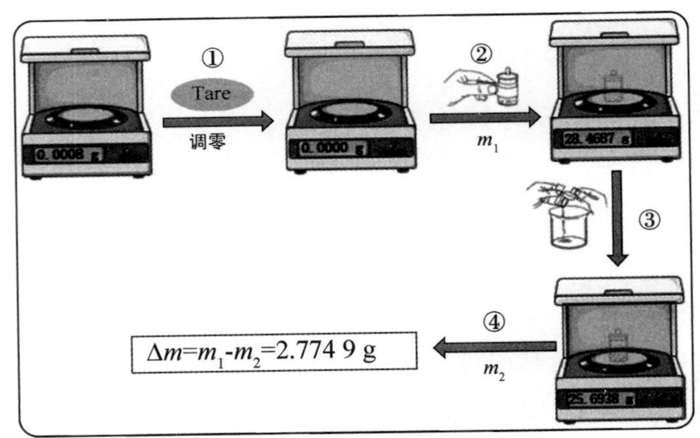

图 5-6 间接称量法示意图

(五)电子天平的使用注意事项

(1)把天平置于稳定，无振动、阳光直射和气流的工作台上。

(2)称量试样应使用称量纸、烧杯、称量瓶等，严禁直接在电子天平上称取试样。称量有毒性、腐蚀性试样(如 NaOH)时，应用容器盛放，防止天平被腐蚀。

(3)试样的重量不能超过天平的最大称量能力；称量试样时应轻拿轻放至托盘中心处，不能用手压托盘；使用分析天平准确读数时，应关闭侧门。

(4)试样洒落到电子天平上时应及时擦拭或用毛刷清理。

(5)定期用中性溶液擦拭天平,维护天平的清洁。

二、滴定分析操作

滴定分析就是将一种已知准确浓度的试剂溶液(标准溶液)滴加到被测物质的水样中,至所加试剂与被测物质按化学计量定量反应为止,然后根据标准溶液的浓度和用量计算被测组分的含量。由于这个测定过程是以测量标准溶液的体积为基础的,因此又叫容量分析。具体涉及的相关技能包括:玻璃容器的规格与使用方法、标准溶液的配制等。

(一)玻璃容器的规格与使用方法

1. 盛器的规格与使用

这类容器尽管有刻度标识,但只能用于盛放不同体积的溶液,而不能用来量取和读取溶液的准确体积。常见的有烧杯、锥形瓶、试剂瓶等。

(1)常见烧杯的规格。

常见烧杯的规格如图 5-7 所示,有 5 mL、10 mL、25 mL、50 mL、100 mL、150 mL、200 mL、250 mL、300 mL、400 mL、500 mL、600 mL、800 mL、1000 mL 等,可根据具体配制体积合理选择。

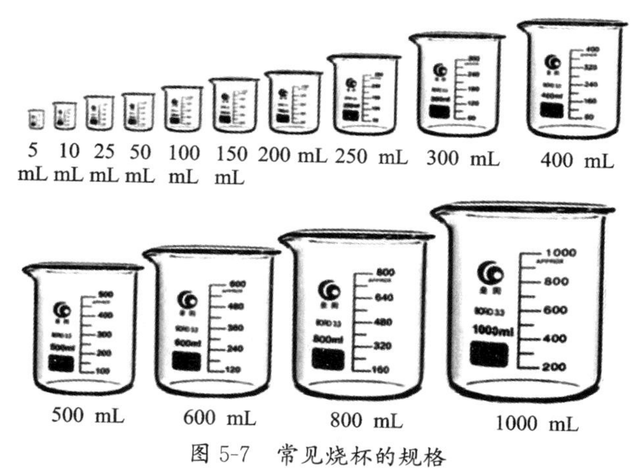

图 5-7　常见烧杯的规格

(2)常见锥形瓶的规格。

如图 5-8 所示,常见锥形瓶分为不同颜色、带盖/不带盖以及多规格的。其中颜色分为棕色和白色两种,棕色主要用于盛放见光易分解的试样;带盖的锥形瓶适于易挥发且需存储的试样,不带盖的用于盛放滴定样液；规格有 5 mL、10 mL、20 mL、25 mL、50 mL、100 mL、150 mL、250 mL 等。可根据具体配制试样的理化性能以及体积合理选用。

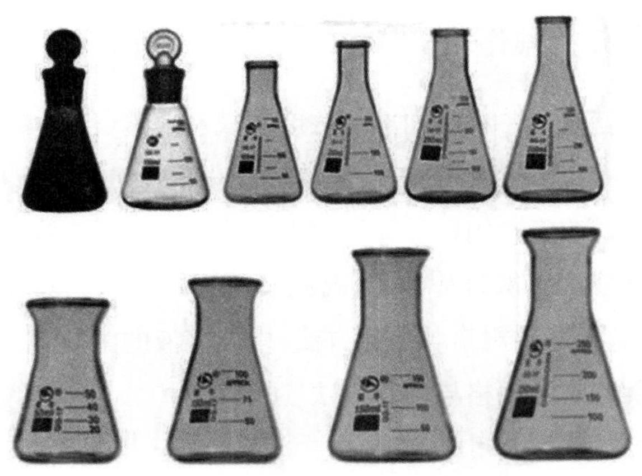

图 5-8　常见锥形瓶的规格

（3）常见试剂瓶的规格。

如图 5-9 所示，常见试剂瓶分为不同颜色和多规格的。其中颜色分为棕色和白色两种，棕色主要用于盛放见光易分解的试样；规格有 50 mL、100 mL、200 mL、500 mL、1000 mL 等。可根据具体配制试样的理化性能以及体积合理选用。

图 5-9　常见试剂瓶的规格

2. 量器的规格与使用

这类容器可用来量取、定容和读取溶液的准确体积。常见的有量筒、容量瓶、移液管和滴定管等，其中，量筒用于溶液的粗略配制，其他用于准确配制。

（1）量筒。

①常见量筒的规格。

如图 5-10 所示，常见量筒规格有 5 mL、10 mL、25 mL、50 mL、100 mL、200 mL、250 mL、500 mL、1000 mL、2000 mL 等，有着与之对应的起始读数和精度，可根据具体配制试样的体积合理选择。

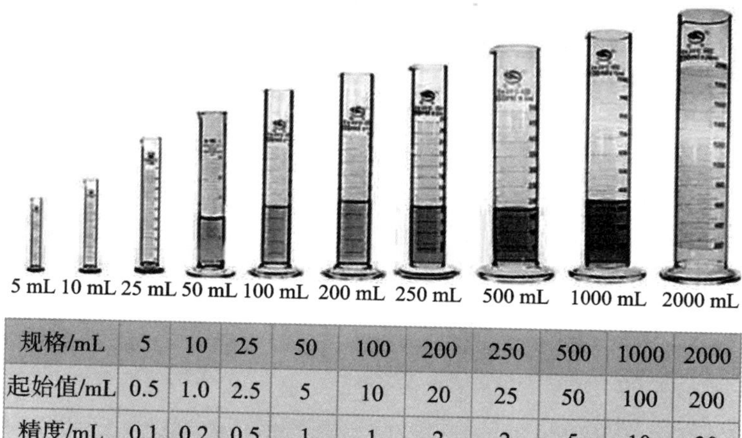

规格/mL	5	10	25	50	100	200	250	500	1000	2000
起始值/mL	0.5	1.0	2.5	5	10	20	25	50	100	200
精度/mL	0.1	0.2	0.5	1	1	2	2	5	10	20

图 5-10 常见量筒的规格

②量筒的正确使用。

量筒在洗涤后，用 10～15 mL 蒸馏水润洗 2 次，再开始量取试样溶液。如图 5-11 所示，手持量筒上端（试样体积液面以上），眼睛平视液面。倾倒试样时应倾斜一定角度，让样液顺壁倒入，防止产生气泡。读取数据时，手持试样体积液面上端，量筒自然下垂，眼睛平视下液面与刻度线的切线，读取数值且估读一位。如图 5-11 所示，100 mL 的量筒，精度为 1 mL，需估读至小数点后 1 位，即正确读数应为 42.2 mL。

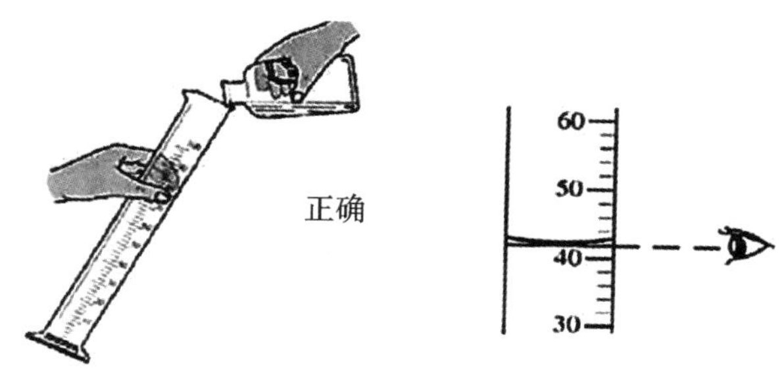

图 5-11 量筒的正确使用示意图

(2)容量瓶。

①常见容量瓶的规格。

如图 5-12 所示，常见容量瓶分为不同颜色和多规格的。其中颜色分为棕色和白色两种，棕色主要用于盛放见光易分解的试样；规格有 1 mL、2 mL、5 mL、10 mL、25 mL、50 mL、100 mL、200 mL、250 mL、300 mL、

500 mL、1000 mL、2000 mL 等。可根据具体配制试样的理化性能以及体积合理选用。

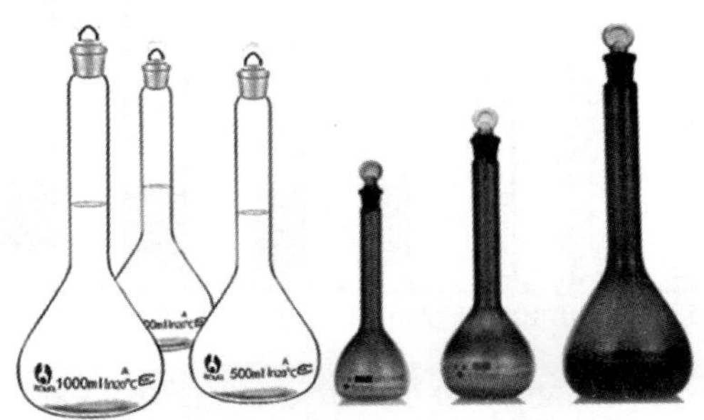

图 5-12 常见容量瓶的规格

②容量瓶的正确使用。

容量瓶在洗涤后，用 10～15 mL 蒸馏水润洗 2 次，备用。如图 5-13 所示，将固体试样倒入烧杯中；用量筒量取一定体积的蒸馏水倒入烧杯中一部分，用玻璃棒搅拌，且少量多次溶解固体试样；为了防止产生气泡，用玻璃棒以一定角度斜倚至容量瓶侧壁，将试样顺壁转移至容量瓶中；用量筒中剩余的蒸馏水润洗烧杯和玻璃棒并转移至容量瓶，充分摇匀；用洗瓶中的蒸馏水补充试样液面高度接近满刻度线；用滴管滴加蒸馏水至满刻度线切线处；顺时针旋紧瓶塞，上下倒置充分混匀。

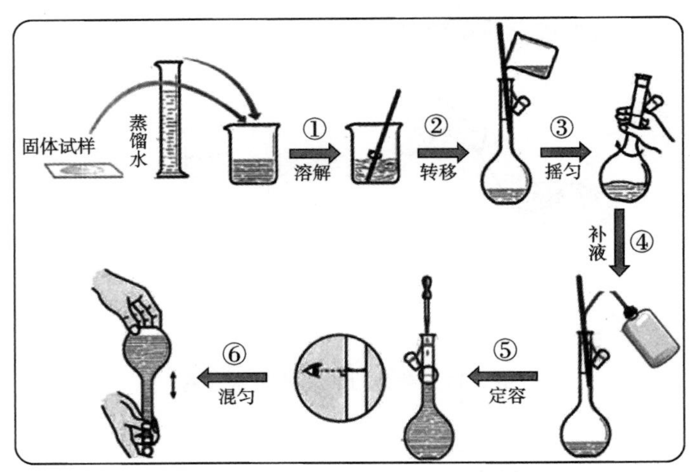

图 5-13 容量瓶的正确使用示意图

(3)移液管。

①常见移液管的规格。

如图 5-14 所示，常见移液管分为多规格的肚状管、直管两种。其规格有 1 mL、2 mL、5 mL、10 mL、20 mL、25 mL、50 mL 等。可根据具体移取试样的体积合理选用。

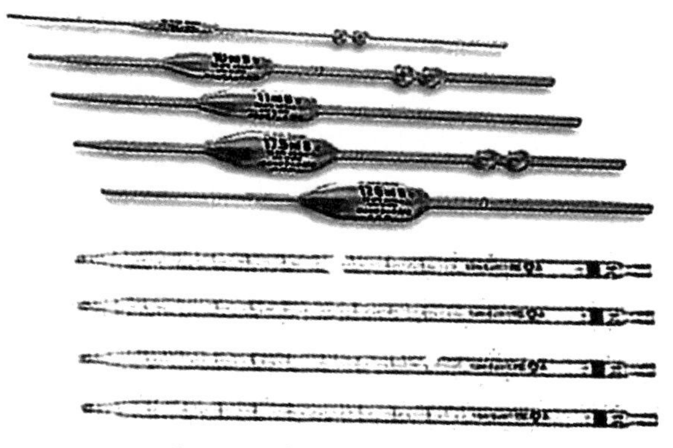

图 5-14　常见移液管的规格

②移液管的正确使用。

移液管在洗涤后，分别用 10～15 mL 蒸馏水、标准溶液水平旋转润洗 2 次，再进行溶液的移取。如图 5-15 所示，将移液管底端插入容量瓶液面下 1～2 cm 处，左手挤压洗耳球放至移液管顶端口处，右手呈握毛笔式至移液管管颈适当位置，以确保食指能自如按压移液管端口；眼睛平视移液管满刻度线，缓慢松开洗耳球，样液液面缓慢上升至满刻度线上端 1 cm 左右，右手食指指肚压紧端口；缓慢松开食指，液面下降至满刻度线切线位置，将多余样液释放至废液杯中；指肚压紧移液管端口，呈 45°角伸入锥形瓶口内 2～3 cm，顺壁释放移液管中的样液至锥形瓶中；释放完毕，下端管尖的残余样液通常无须用洗耳球吹入锥形瓶中，除非移液管上

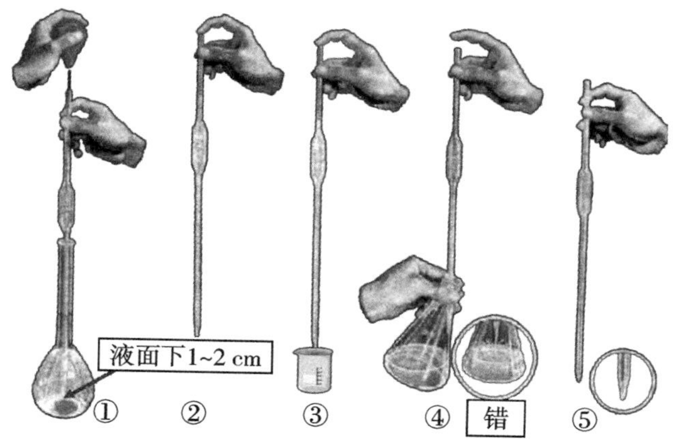

图 5-15　移液管的正确使用示意图

有“吹”字。

(4)滴定管。

①常见滴定管的种类与规格。

如图 5-16 所示，常见滴定管分为不同颜色、不同类型以及多规格的。其中棕色的适用于见光易分解的溶液；类型包括可盛放酸性溶液的酸式滴定管、可盛放碱性溶液的碱式滴定管，以及可盛放酸碱通用溶液的四氟滴定管；其规格有体积为 1 mL、2 mL 等半微量滴定管，体积为 5 mL、10 mL 等微量滴定管，以及体积为 25 mL、50 mL、100 mL 等常量滴定管。可根据具体移取试样的理化性能以及体积合理选用。

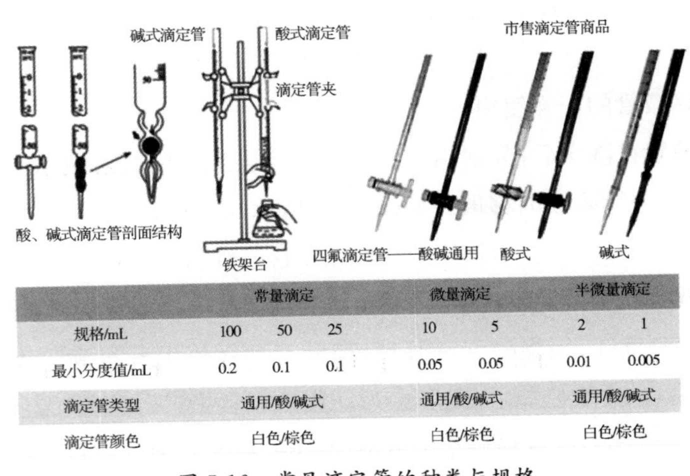

	常量滴定			微量滴定		半微量滴定	
规格/mL	100	50	25	10	5	2	1
最小分度值/mL	0.2	0.1	0.1	0.05	0.05	0.01	0.005
滴定管类型	通用/酸/碱式			通用/酸/碱式		通用/酸/碱式	
滴定管颜色	白色/棕色			白色/棕色		白色/棕色	

图 5-16　常见滴定管的种类与规格

②滴定管的正确使用。

滴定管在洗涤后，分别用 10～15 mL 蒸馏水、待灌装溶液水平旋转润洗 2 次，然后将溶液顺壁灌入滴定管中，如图 5-17 所示，需经过查漏、排气泡、滴定管使用、滴定操作等 4 个主要阶段：

Ⅰ.查漏。

装入适量溶液后，碱式滴定管若漏液，则可将橡皮套中的玻璃珠向上调整；酸式滴定管若漏液，则可取出玻璃活塞，分别在套管内壁、活塞外壁涂上一层薄薄的凡士林，再将活塞插入套管，沿着顺时针方向旋紧，用皮筋固定活塞至套管上。

Ⅱ.排气泡。

装入适量溶液，碱式滴定管将橡皮管弯头向上倾斜一定角度，排放试

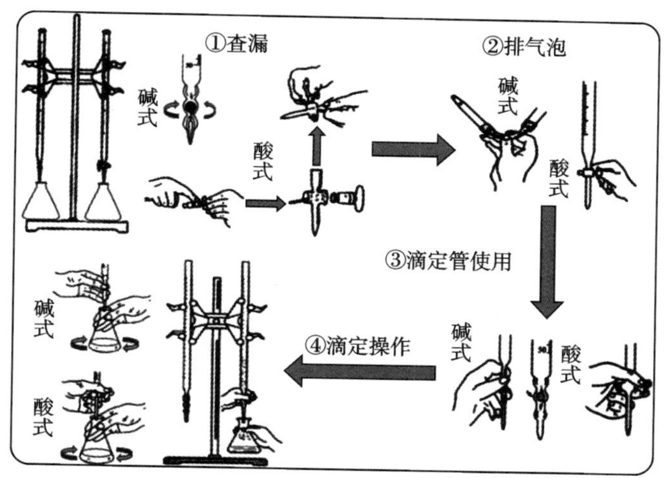

图 5-17 滴定管的正确使用示意图

液顶出气泡；酸式滴定管则快速打开活塞，反复几次直至气泡排净。补加溶液至零刻度线以上，释放多余溶液至零刻度线位置。读取滴定液的初始读数。

Ⅲ.滴定管的使用。

操作碱式滴定管时，左手的拇指与食指向外捏住玻璃珠外侧的橡皮管，形成一条缝隙，溶液即可流出；操作酸式滴定管时，左手的拇指与食指跨握滴定管的活塞处，与中指一起控制活塞的转动。

Ⅳ.滴定操作。

将滴定管尖头插入锥形瓶口内 1～1.5 cm 处，滴定时，双手配合应协调。左手控制流速，右手拿住锥形瓶瓶颈，逆时针方向旋转。滴定速度的控制一般开始时为 3～4 滴/秒，边加边摇匀；接近终点时，应逐滴加入，边加边摇匀，注意观察颜色变化的快慢；当摇匀后颜色变化很缓慢时，顺壁加入半滴，再用洗瓶中的少量蒸馏水沿壁冲洗锥形瓶上悬挂的残液，直至终点。读取滴定液的终点读数。

注意：滴定过程中，左手不应离开滴定管，且滴定管尖不应离开锥形瓶口内。

③滴定管读数的读取。

取下滴定管，用右手大拇指与食指拿住滴定管中溶液液面上端，使滴定管保持自然下垂，眼睛平视液面。如图 5-18 所示，对常规无色或浅色滴定管，读数为弯液面最低点所对应的刻度值；对蓝带滴定管，读数为两弯月面相交的点所对应的刻度值；最终读数应比最小值多估读 1 位。例如，图 5-18 中 50 mL 滴定管的最小刻度为 0.1 mL，实际读数应到小数点后第二位，即 0 刻度和 50 刻度的准确读数应分别为 0.00 mL 和 50.00 mL。

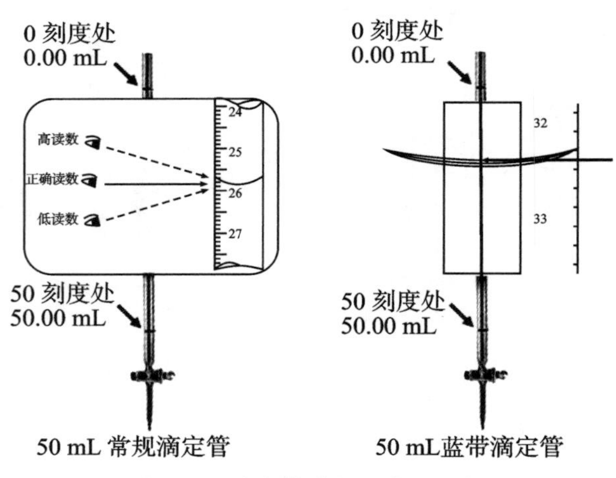

图 5-18　滴定管读数的读取示意图

(二)标准溶液的配制

根据试样的理化性能，标准溶液的配制可分为基准物标准溶液的直接配制及非基准物标准溶液的间接配制两大类。直接配制采用的是电子分析天平、移液管、滴定管、容量瓶等更为精密的装置器皿，进行基准物的一步准确配制；间接配制采用的是电子天平、量筒等精密度较低的装置器皿，先进行非基准物的粗略配制，再用直接法准确配制的基准物标准溶液标定出其准确浓度。

1. 标准溶液的直接配制——准确配制

(1)常见基准物。

基准物要同时具备足够纯、分子量大且组成符合化学式，其配制和放置过程保持稳定的特点。常见基准物有：标定 HCl 的 Na_2CO_3、$Na_2B_4O_7 \cdot 10H_2O$，标定 NaOH/KOH 的 $KHC_8H_4O_4$，标定 $KMnO_4$ 的 $Na_2C_2O_4$，标定 $Na_2S_2O_3$ 的 $K_2Cr_2O_7$，标定 $AgNO_3$ 的 NaCl，标定 EDTA 的 ZnO 等。

(2)配制的装置与器皿。

准确配制指的是准确称量、准确移取、准确定容或准确滴定，其采用的装置与器皿均为高精度的电子天平和量器。如图 5-19 所示，称量采用的是精度为±0.0001 g 的万分之一分析天平，移取溶液采用的是精度为±0.01 mL 的移液管，定容采用的是精度为±0.1 mL 的容量瓶，滴定采用的是精度为±0.01 mL 的酸、碱式滴定管。

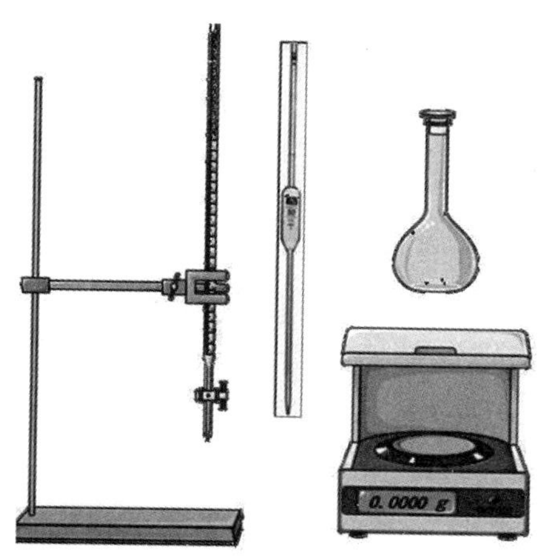

图 5-19　准确配置的装置与器皿

(3)标准溶液的配制。

基准物标准溶液的配制通常采用的是直接法的准确配制，常根据基准物试样的情况分为小样、大样的配制。具体实例如下：

①多份小样的配制。

多份小样指的是平行多次准确称量几份相同试样进行配制，如基准物 $KHC_8H_4O_4$ 的配制。

如图 5-20 所示，用精度为±0.0001 g 的电子分析天平平行准确称量 3 份含量在 0.8～1.2 g 之间的 $KHC_8H_4O_4$ 基准物，用量筒量取 25 mL 蒸馏水溶解(注：若仅用于配制标准溶液而非标定用，则需用精度更高的移液管准确移取 25.00 mL)，用于 NaOH 溶液的标定。

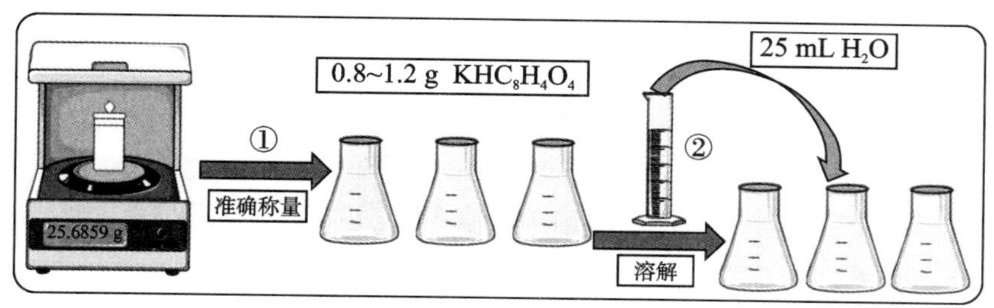

图 5-20　$KHC_8H_4O_4$ 标准溶液的配制

②一份大样的配制。

一份大样指的是一次准确称量 1 份试样，依次进行溶解、定容配制、移取，如基准物 ZnO 的配制。

如图 5-21 所示，用精度为±0.0001 g 的电子分析天平准确称量一份含量在 0.3～0.4 g 之间的 ZnO 基准物，用洗瓶中少量的蒸馏水溶解，再用 1∶1 HCl 酸解，转移至精度为±0.1 mL 的 150 mL 容量瓶中定容(注：若仅用于配制标准溶液而非标定用，则到此步已完成)，用精度为

$\pm$0.01 mL 的 25 mL 移液管移取，用于非基准物 EDTA 溶液的标定。

与多份小样的配制相比，大样配制的溶液用于非基准物的标定时，能确保高度一致的精密度，测量结果的重现性很好；但其准确度要么都好，要么都不好。

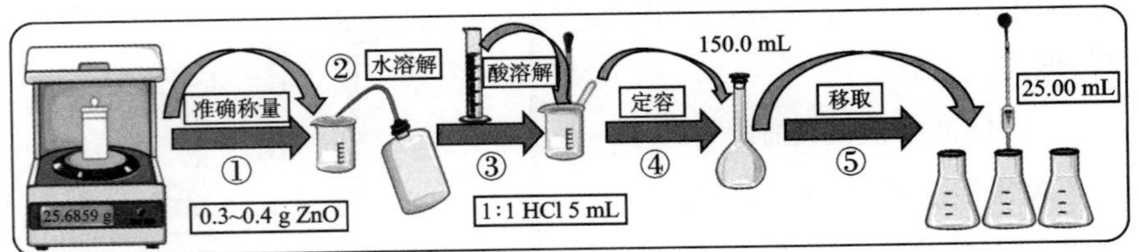

图 5-21　ZnO 标准溶液的配制

2. 标准溶液的间接配制——粗略配制

（1）常见非基准物。

非基准物不能同时具备足够纯、分子量大且组成符合化学式，其配制和放置过程保持稳定等特点。常见非基准物有：HCl（易挥发）、NaOH/KOH（潮解、吸收二氧化碳）、$KMnO_4$（分解还原）、$Na_2S_2O_3$（分解）、$AgNO_3$（见光分解）、EDTA（副反应）等。

（2）配制的装置与器皿。

粗略配制指的是粗略称量、粗略溶解，采用的装置与器皿均为精度较低的电子天平和量器。如图 5-22 所示，固体称量采用的是精度为$\pm$0.1 g 的普通电子天平，溶液的量取采用的是精度更低的量器——量筒。采用上述手段制得溶液的浓度仅为粗略值，其准确浓度仍需后续的标定确定。

图 5-22　粗略配置的装置与器皿

（3）液体、固体的配制。

根据原试样性质的不同分为不同的配制方法：当原试样为液体时，先用小量筒取一定体积样液，再用大量筒按照浓度需求量取所需蒸馏水的用量进行稀释即可；当原试样为固体时，先用精度较低的普通电子天平称量，再用大量筒按照浓度需求量取所需蒸馏水的用量进行溶解即可。例如，非基准物 HCl 和 NaOH 的粗略配制如下：

①0.2 mol/L HCl 的粗配：如图 5-23 所示，先用精度为$\pm$0.1 mL 的

小量筒量取一定体积 1∶1 的 HCl,将其转移至 500 mL 试剂瓶;再用精度为±0.1 mL 的大量筒量取剩余体积蒸馏水转移至试剂瓶,补液稀释,混匀即可。

②0.2 mol/L NaOH 的粗配:如图 5-23 所示,先用精度为±0.1 g 的普通电子天平粗称一定量的 NaOH,再用精度为±0.1 mL 的大量筒量取 100 mL 蒸馏水,少量多次地溶解 NaOH,然后将 NaOH 溶液转移至 1000 mL 试剂瓶;继续用大量筒量取剩余体积蒸馏水转移至试剂瓶,补液稀释,混匀即可。

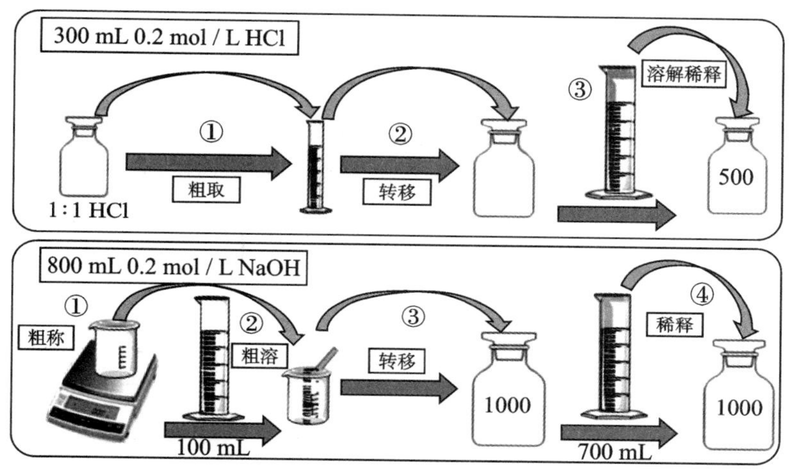

图 5-23　HCl/NaOH 溶液的粗配

(4)粗配溶液的标定。

标定也是一种滴定方法。如前所述,非基准物标准溶液的准确浓度由于其本身特性而无法通过配制直接得到,需要使用已知准确量的基准物质配制而成的标准溶液进一步通过滴定的方式去确定。例如,非基准物 NaOH 标准溶液的标定:

如图 5-24 所示,在 KHC_8H_4O 标准溶液中加入 1 滴酚酞指示剂,用 NaOH 标准溶液滴定至粉红色,30 s 不褪色即为终点。根据 $KHC_8H_4O_4$ 的质量和 NaOH 溶液滴定消耗的体积,确定 NaOH 标准溶液的准确浓度(式(5-1)):

$$c_{NaOH}=\frac{m_{KHC_8H_4O_4}}{V_{NaOH}\times\frac{M_{KHC_8H_4O_4}}{1000}} \tag{5-1}$$

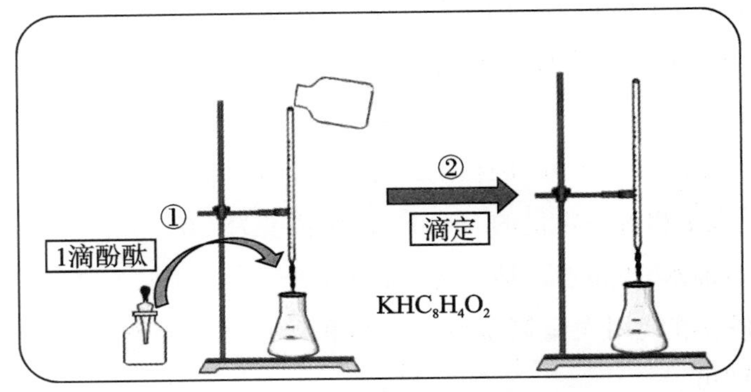

图 5-24　NaOH 溶液的标定

三、重量分析操作

重量分析法是指通过物理或化学反应先将试样中待测组分与其他组分分离，再用称量的方法测定该组分的含量。重量分析包括分离和称量两个主要过程。重量分析法的基本操作包括样品溶解、沉淀、过滤、洗涤、烘干和灼烧等步骤(图 5-25)。

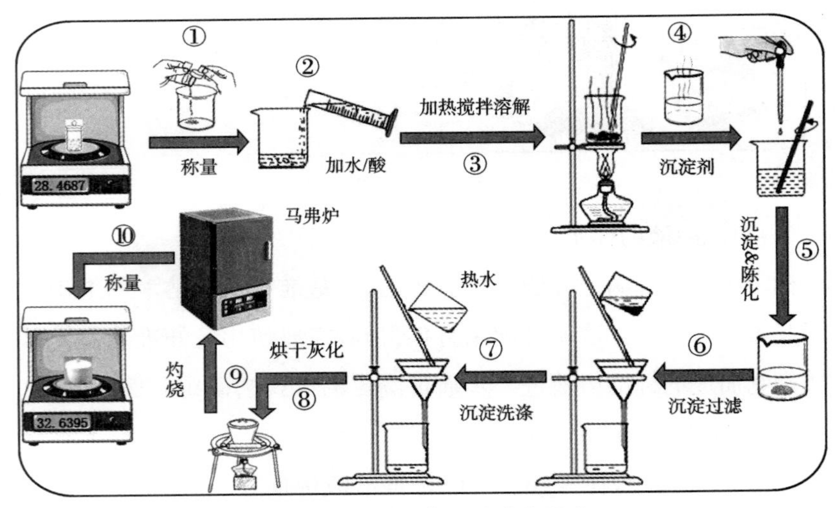

图 5-25　重量分析法的基本操作

(一)样品溶解

如图 5-25 中①～③所示，用分析天平准确称量一定量的样品(精确到±0.0001 g)至烧杯中，加入适量的水或酸，在加热搅拌的情况下让样品完全彻底地溶解。为防止挥发，加热期间可加盖表面皿，且加热温度不宜过高，保持微热或微沸溶解即可。

（二）沉淀

如图 5-25 中④～⑤所示，在稀的热的样品溶液中逐滴缓慢地加入热的过量的沉淀剂，边加边搅拌，待沉淀形成后，还需过夜陈化，即“稀、热、慢、搅、陈”。

待稳定的沉淀形成后，通过滴加沉淀剂看溶液是否出现浑浊来判断沉淀是否完全：若浑浊，则不完全，继续补加热的沉淀剂；若无浑浊出现，则沉淀完全。

（三）沉淀的过滤与洗涤

1. 滤纸的折叠与安放

如图 5-26 所示，将定量滤纸折叠成一面三层、一面一层的锥形斗；三层的折叠处撕一小块，滤纸要紧贴且低于漏斗边缘放入漏斗内壁；用少量蒸馏水润湿滤纸，使滤纸和漏斗内壁紧贴无气泡。

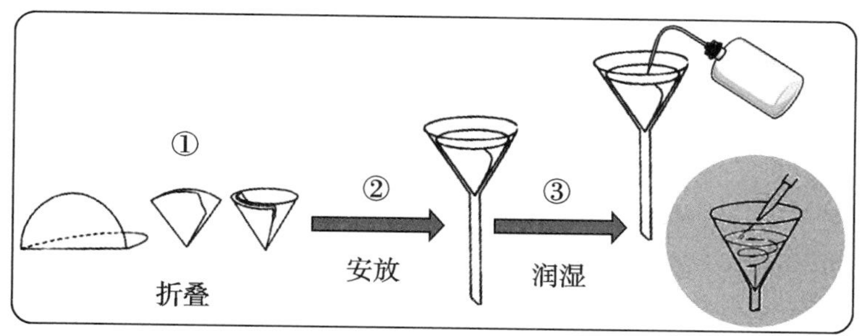

图 5-26　滤纸的折叠与安放示意图

2. 倾泻法过滤

使玻璃棒的下端尽可能近地对准滤纸三层厚的一边，但不能接触滤纸，把上层清液沿玻璃棒慢慢倒入漏斗中，倾入的溶液一般只充满滤纸的三分之二或者离滤纸上边缘 5 mm，以免少量沉淀因毛细管作用通过滤纸上沿而造成损失（图 5-27）。

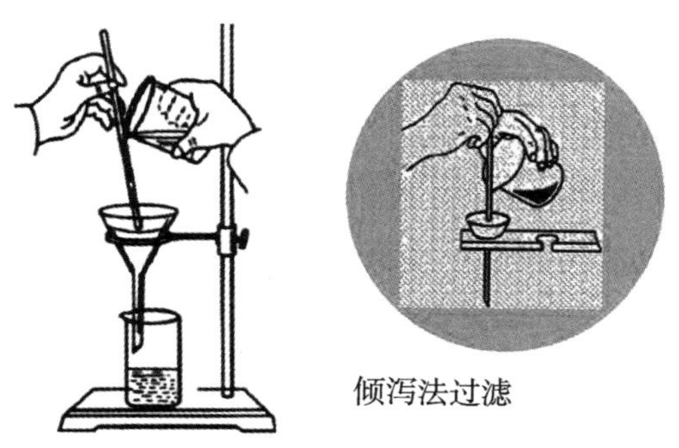

图 5-27　倾泻法过滤示意图

3. 倾泻法洗涤

取约 10 mL 洗涤液洗涤烧杯四周，使附着的沉淀集中在烧杯底部，放置澄清后再过滤。本着少量多次的原则，洗涤重复 3～4 次(图 5-28)。

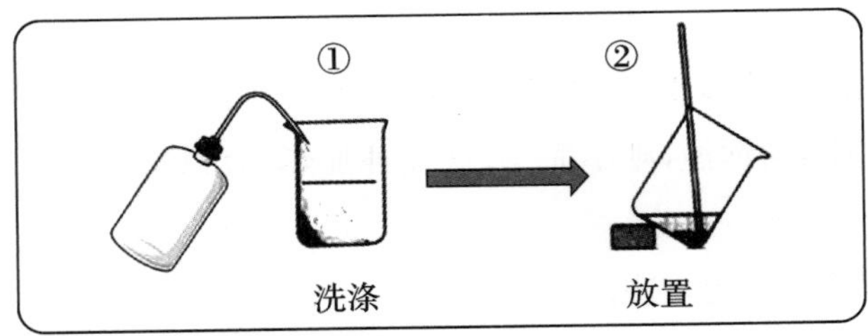

图 5-28　倾泻法洗涤示意图

4. 初步检验

洗涤完后，用一个小试管接 2 mL 左右滤液加入沉淀剂进行初步检验(图 5-29)。

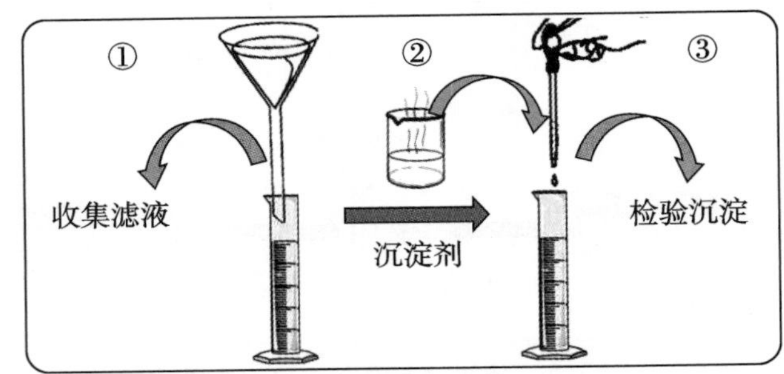

图 5-29　初步检验示意图

5. 转移沉淀

在沉淀中加入少量洗涤液，搅动混合，立即倾入漏斗中，重复几次，将大部分沉淀转移到漏斗上，少量在烧杯上的沉淀用洗瓶洗入漏斗中(图 5-30)。

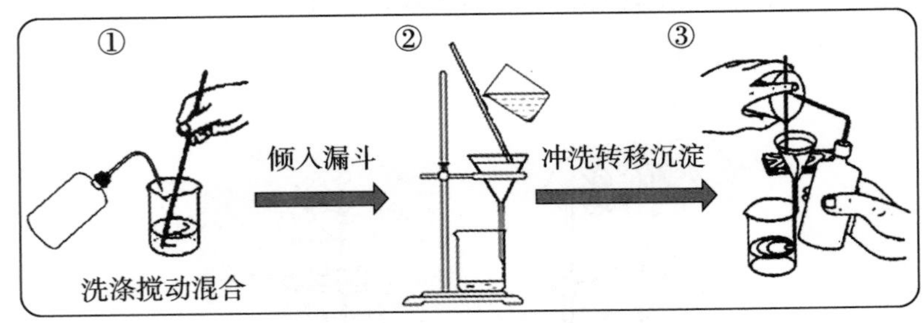

图 5-30　转移沉淀示意图

综上所述，过滤与洗涤的操作就是一贴、二低、三靠。一贴：滤纸要紧贴漏斗内壁。二低：一是滤纸要低于漏斗边缘；二是滤液要低于滤纸边缘。三靠：一是“盛待过滤液”的烧杯尖口紧靠玻璃棒；二是玻璃棒靠在滤纸三层处；三是漏斗末端较长处靠在“盛滤液”的烧杯内壁。

（四）沉淀的烘干与灰化

如图 5-31 所示，用扁头玻璃棒将滤纸边挑起，向中间折叠，将沉淀盖住。再用玻璃棒轻轻转动滤纸包，擦干净漏斗内壁沾有的沉淀。将滤纸包转移至恒重的坩埚中，尖端朝上，倾斜放置。用酒精灯或电炉加热坩埚，将沉淀和滤纸包烘干。沉淀和滤纸干燥后，进一步灰化滤纸。

图 5-31　沉淀的烘干与灰化示意图

（五）晶形沉淀的灼烧与称量

灰化滤纸后，将坩埚移入 800 ℃马弗炉中，盖上坩埚盖子（留有空隙）灼烧 40～45 min；将坩埚移至炉口，至红热稍退后，再将坩埚取出放至洁净瓷板上；待坩埚冷却且红热完全褪去，将坩埚放入干燥器中冷却至室温，称量。进行第二次、第三次灼烧（各 20 min），直至沉淀和坩埚恒重为止（图 5-32）。

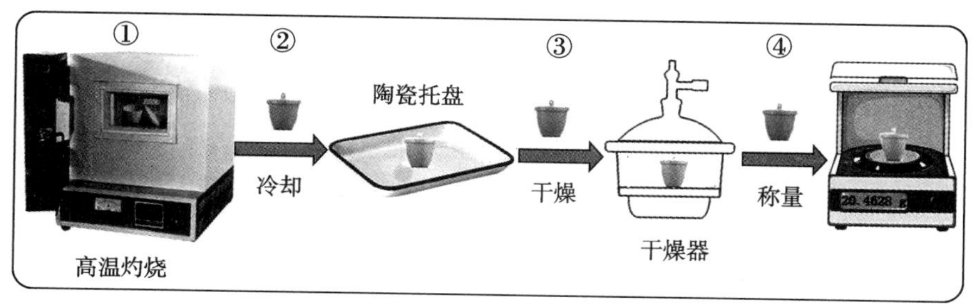

图 5-32　沉淀的灼烧与称量示意图

需要注意的是，每次灼烧、放置、冷却、称量的时间均要保持一致。

四、实验数据的处理与表达

好的实验结果应该与实验目的、方案、操作内容、取样（要有代表性）、试样的制备、试样的测定（计量器具）、数据的取舍、结果的计算与表达（误差、偏差)等方面密切相关。对于传统的经典训练实验,前4部分基本上是成熟的。因而,得到测量结果后,如何进行正确的数据处理与表达显得尤为重要。

实验数据处理的目的是:

(1)确定个别偏离较大的数据(称为离群值或极值)是该保留还是该弃去。

(2)确定相同方法测得的多组数据的差异是否在允许范围内。

(3)确定测得的平均值与真值(或标准值)的差异是否合理。

实验数据的正确表达在定量化学分析中尤为重要,它不仅反映了准确的测量结果,还反映了计量器具的精密度。

(一)实验数据的取舍

在经典实验训练中,要求同一实验平行测量3次,3组数据是否具有高的准确度和精密度,除了根据实验过程和实验现象判断外,还应结合相关的理论计算进行综合评估。

实验数据的取舍,首先,应回忆每组实验过程和现象中是否存在明显的异常,初步确定可疑数字;其次,进一步用Grubbs法进行相关判断。具体判断如下:

(1)3组测量结果按照由小到大顺序排列:$x_1<x_2<x_3$。

(2)计算极小值x_1的G值:$G_{计算}=\dfrac{\bar{x}-x_1}{S}$。

(3)计算极大值x_3的G值:$G_{计算}=\dfrac{x_n-\bar{x}}{S}$。

(4)若$G_{计算}>G_{表}$,则x_1或x_3弃去,反之保留。

(二)实验结果的准确度——相对误差*RE*

实验结果的准确度是指3次平行测定结果的平均值与真值(或标准值)的接近程度,通常用RE(误差是测定值x_i与真值μ的差值)来衡量(式(5-2)):

$$RE=\frac{E}{\mu}\times 100\% \tag{5-2}$$

式中,E为测定值x_i与真值(或标准值)μ的差值。RE有正、负之分,正值表示结果偏高,负值表示结果偏低,RE的绝对值越小,准确度越高。

（三）实验结果的精密度——相对标准偏差 S

实验结果的精密度是指 3 次平行测量结果间的相接近程度，常用 S（偏差是个别测定结果 x_i 与几次测定结果的平均值 $\bar{x}$ 之间的差别）表示（式(5-3)、(5-4)）：

$$S=\sqrt{\frac{\sum(x_i-\bar{x})^2}{n-1}}=\sqrt{\frac{\sum d_i^2}{n-1}} \tag{5-3}$$

$$S_r=\frac{S}{X}\times 100\% \tag{5-4}$$

式中，S 为标准偏差；n 为测量次数；$\bar{x}$ 为 3 次测量的平均值；S_r 为相对标准偏差，无正、负之分，该值越小，精密度越高。

（四）准确度与精密度的关系

如图 5-33 所示，精密度高，准确度未必高；精密度低，准确度高，单个测量值的结果不可靠；只有高的精密度，才可能确保有准确的结果。

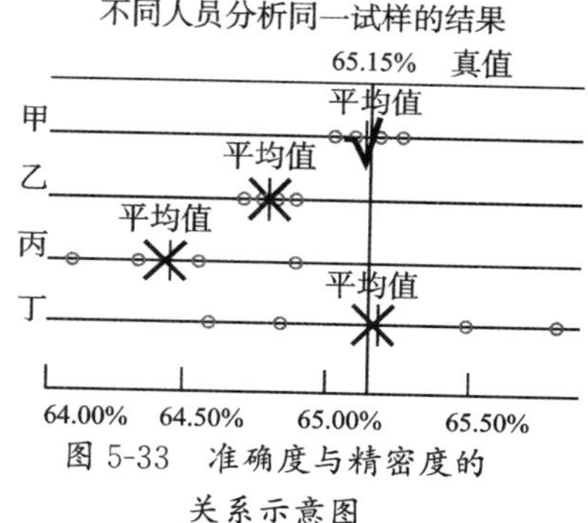

图 5-33　准确度与精密度的关系示意图

具体实验要求：先保证高的准确度，再保证高的精确度。3 组实验数据中只要有一组接近标准值，就符合考核要求；在此基础上又能确保良好的重现性（$S_r\leqslant 0.2\%$），则考核优异。

（五）实验结果的正确表达——有效数字

数据的表达是将实验结果以准确、清晰、简洁的方式呈现出来。定量化学分析通常用有效数字表达相关实验结果。

有效数字：确定的数 + 一位估读的数

有效数字是指分析过程中实际能测到的数字，最后一位是估读的。它不仅反映了测量值的大小，还反映了测量仪器的精确程度。通常按照实验计量器皿的精度记录实验数据。需要注意的是，有效数字原则上只适用于测量结果的表达，不适用于计算公式中的常数处理。

如图 5-34 所示，相同的体积，滴定管可以读到小数点后第二位，即 24.46 mL，有 4 位有效数字；而量筒只能读到小数点后第一位，24.5 mL，有 3 位有效数字。相同的质量，在普通电子天平上只能读到小数点后一位，而分析天平可读到小数点后四位。由此可知，有效数字一方面反映了数值的大小，另一方面通过仪器的精度可推测出具体实验所用的计量器皿。

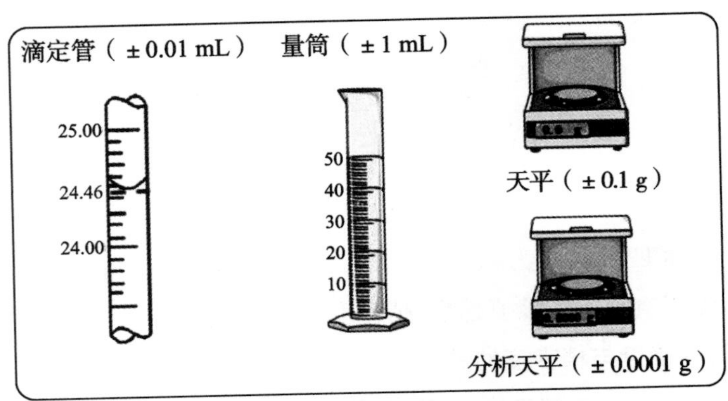

图 5-34　计量器皿的精度与有效数字的关系

1. 有效数字位数的确定规则

(1)数字“0”。

①数字前面的 0 一律无效，仅起定位作用；

②数字中间的 0 一律有效；

③数字小数后面的 0 有效；

④整数后面的 0 不定，应根据具体情况而定。

(2)非测量数字不能作为有效数字定位的标准。

非测量值　2位有效数字　4位有效数字

$$2.000\times\frac{25.00}{250.0}=2.000\times\frac{1}{10}=0.20\ (\times)\ \rightarrow\ 0.2000\ (\checkmark)$$

(3)凡首位有效数字大于或等于 8 的，有效数字可多记一位。

8.39 3位有效数字 ✗ → 8.39 4位有效数字 ✓

(4)在计算过程中可暂时多保留一位数字，最后结果采用“四舍六入五留双”的方法确定。

13.344 → 13.34

13.346 → 13.35

13.345 → 13.34

13.335 → 13.34

(5)化学平衡的计算一般保留 2 位，最多 3 位有效数字，pH、pM、pK

等值的有效数字取决于小数点后数字的位数。

(6)表示误差只取1位,最多2位有效数字。

2. 有效数字的运算规则

(1)几个数相加或相减,其和或差的有效数字位数以小数点后位数最少的数为依据。

$$0.012\,1+25.64+1.057\,82=26.709\,92 \rightarrow 26.71\ (4\text{位有效数字}) \checkmark$$

(2)几个数相乘除,有效数字的位数以其中有效数字位数最少的数为依据。

$$\frac{0.032\,5\times5.103\times60.06}{139.8}=0.071\,25 \rightarrow 0.071\,3 \times \rightarrow 0.071\,2\ (3\text{位有效数字}) \checkmark$$

(六)分析结果的正确表达——*t* 分布 & 置信度

$$\mu=\bar{x}\pm\frac{tS}{\sqrt{n}} \tag{5-5}$$

式中,μ 为真值或标准值;$\bar{x}$ 为平均值;t 为选定置信度下的概率系数;S 为标准偏差;n 为测量次数。

分析结果的表达式通常用式(5-5)表达,表明在一定的置信度(95%)下,真值或标准值将在测定 $\bar{x}$ 附近的一个区间,即 $\bar{x}\pm\frac{tS}{\sqrt{n}}$ 之间存在,把握程度为95%。利用该式,可根据实验结果的 $\bar{x}$、t 及 S 值合理地推算出理论真值或标准值。

置信度选择越高,置信区间越宽,其区间包括真值或标准值的可能性也就越大。在定量化学分析中,一般置信度为90%或95%。

第六章　分析化学实验实操(一)
——化学分析实验

实验七　分析器皿的认领与洗涤 & 天平的称量练习

一、实验目的

(1)掌握常规分析器皿的识别与认领。

(2)掌握不同类型分析器皿的洗涤方法。

(3)掌握电子分析天平准确称量的正确操作方法。

(4)掌握减量称量法准确称量分析物的正确方法。

二、实验原理

减量称量法又称间接称量法、递减称量法或减量法,是一种用于称量一定质量范围内的样品或试剂的方法。其操作流程如图 6-1 所示,分为

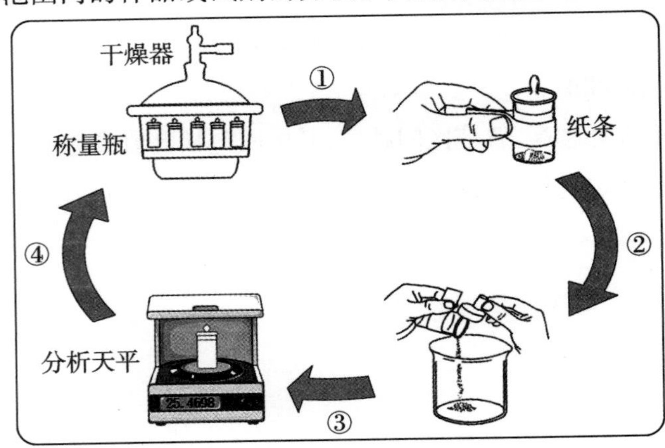

图 6-1　减量称量法操作流程示意图

取样、倒样、准确称样、放样 4 个基本过程。其中准确称样环节尤为重要，该环节所涉及的注意事项、原理和技巧如下。

(一)电子分析天平正确操作的注意事项

(1)只称称量瓶中的样品，称量瓶在分析天平上的取放要用一定宽度、长度的纸条完成，且轻拿轻放。

(2)准确称量是指用纸条将称量瓶轻放在电子天平中心，关闭两侧边门，待显示屏上读数稳定，再准确读取精确到小数点后第四位的称量值。

(二)减量称量法的原理

减量是针对称量瓶而言的，称的是称量瓶在试样倒出前后的差值(式(6-1))。

$$\Delta m = m_1 - m_2 \quad (6\text{-}1)$$

式中，Δm 为倒出试样的质量，g；m_1 为倒出前(称量瓶＋试样)的质量，g；m_2 为倒出后(称量瓶＋试样)的质量，g。

(三)减量称量法的技巧

"先划范围后称量"，即先确定倒出试样的质量 Δm 在所要求的质量范围内，再进一步准确称量。

三、实验内容

(一)分析器皿(图 6-2)的认领

(1)识别、确认不同类型的分析器皿。

(2)确认不同类型分析器皿的个数。

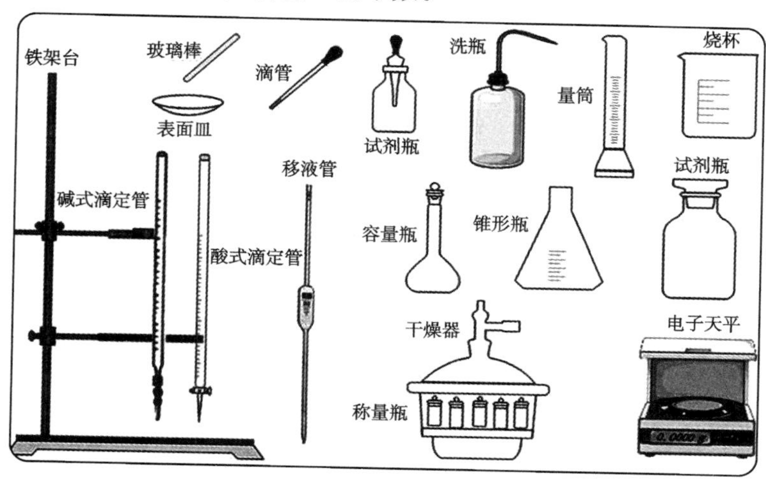

图 6-2　实验分析器皿示意图

(二)分析器皿的洗涤

选取1000 mL试剂瓶，视具体情况按照图6-3相应流程进行洗涤练习。

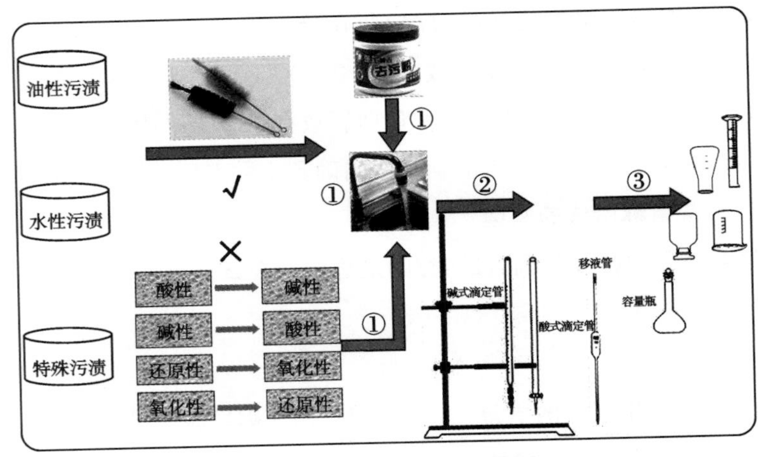

图6-3　分析器皿洗涤示意图

(三)分析天平的称量练习——减量称量法

理论上，分析天平只能准确称取称量瓶中的试样。本次实验因是称量练习，要确保正确掌握减量称量法，故还应称量烧杯倒入前后的量。后续所有实验涉及的称量只与称量瓶中的试样有关。本次称量练习具体步骤如下。

1. 分析天平的操作

(1)水平调节。

观察天平后端“水准仪”中水珠的位置，判断天平的4个底脚是否在同一水平。若水珠接近圆圈中心，则水平无须调整；若水珠远离圆圈中心，则旋转天平前底脚至水珠位于圆圈中心。

(2)天平调零。

如图6-4所示，打开电源开关，待显示屏上数字出现，若为“0.0000 g”，则无须调零；若不是，则轻按“Tare”键至显示屏上数字变为“0.0000 g”，即调零。

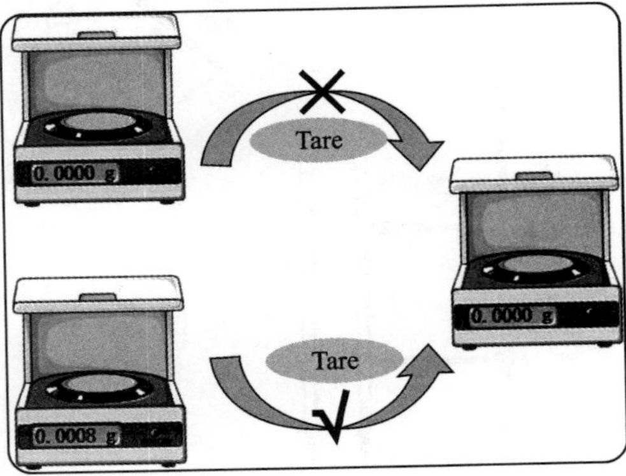

图6-4　天平调零示意图

2. 称量练习——减量称量法

减量称量法通过两次称量的差值来确定所需试样的重量。图 6-5 给出了称量练习的示意图，所涉及具体操作过程如下：

(1)打开分析天平侧门，用纸条套上空烧杯并轻轻放至天平托盘中心位置，关闭天平侧门，读取空烧杯的净重 w_1；打开天平侧门，用纸条轻轻套上烧杯并取出。

(2)用纸条套上称量瓶并轻轻放至天平托盘中心位置，关闭天平侧门，读取称量瓶倒出前的质量 m_1；打开天平侧门，用纸条轻轻套上称量瓶并取出。

(3)用纸条套上称量瓶并移至烧杯正中间上方，打开称量瓶盖子，将称量瓶倾斜并用瓶盖轻磕称量瓶口，将 0.2～0.4 g 的试样倒入烧杯中，将称量瓶盖好盖子，放至天平上。判断倒出的量是否在所需范围内，若不在，则取出称量瓶继续倾倒；若在，则关闭天平侧门，读取称量瓶倒出后的质量 m_2。打开天平侧门，用纸条轻轻套上称量瓶并取出。

(4)用纸条套上倒有试样的烧杯，轻轻放至天平托盘中心位置，关闭天平侧门，读取盛有试样的烧杯的重量 w_2；打开天平侧门，用纸条轻轻套上烧杯并取出。

(5)以第一组测得的 m_2、w_2 为下一组的初始值，重复步骤(3)、(4)，共测 3 组数据。

(6)为了评价学生是否掌握了减量称量法，要求 Δm = 0.2～0.4 g(d

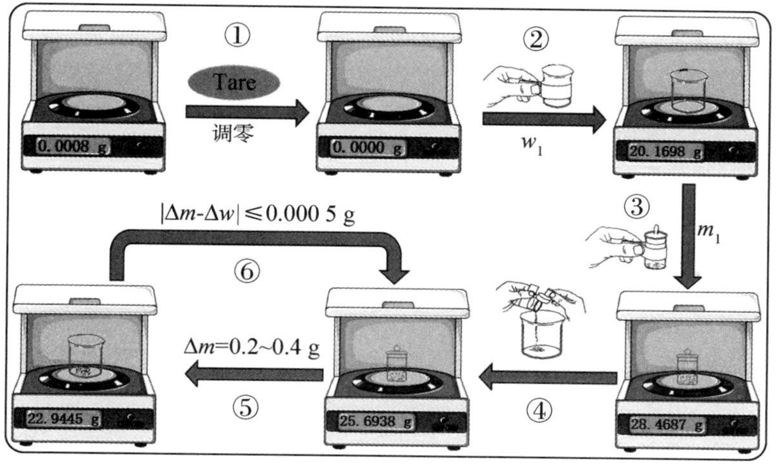

图 6-5　称量练习示意图

$=\pm 0.1$ mg，$E\%\leqslant\pm 0.1\%$），$\Delta m_n-\Delta w_n\leqslant\pm 0.0005$ g。

四、操作注意事项

（1）洗涤干净与否的检查与判断：将洗涤后的器皿倒置，器皿壁上无悬挂的水珠即可。

（2）减量称量法操作时，应使用长度为 20 cm、宽度为 1.5～2.0 cm 的双层纸条取放待测样品瓶，且轻拿轻放至分析天平托盘的中心位置。

（3）减量称量法操作时，应"先划范围后称量"，即应先不关闭分析天平的两侧边门，粗略称量倒出的量是否在所需的范围内：若不在此范围且少于所需量，则继续倾倒；若大于所需量，则作为初始值记录下来，开始下一轮的倾倒与称量；若在此范围内，则关闭分析天平两侧边门，准确称量与读取实际倒出量，并记录下来。

（4）减量称量法是针对称量瓶中的试样而言的。本次实验是训练性实验，其目的是通过称量烧杯中试样的倒入量，确定学生是否掌握了称量瓶试样的"减量称量法"。后续所有的准确称量实验，均只用分析天平针对称量瓶中的试样进行相关的准确称量。

五、原始数据记录(表 6-1)

表 6-1　实验七原始数据记录表

记录项目	编号		
	1	2	3
倒出前(称量瓶＋试样)的质量 m_1/g			
倒出后(称量瓶＋试样)的质量 m_2/g			
倒出试样的质量 $\Delta m=m_1-m_2$/g			
空烧杯的质量 w_1/g			
称量(空烧杯＋试样)的质量 w_2/g			
倒入试样的质量 $\Delta w=w_2-w_1$/g			
绝对误差 $\Delta m-\Delta w$/g			

六、课堂提问

（1）什么是减量称量法？称量的关键技巧是什么？

（2）如何判断是否掌握了减量称量法？

实验八　酸碱标准溶液的配制及浓度比较

一、实验目的

(1)练习滴定分析的操作技术，初步掌握滴定终点的确定方法。

(2)掌握指示剂法确定滴定终点的方法。

(3)掌握滴定分析实验数据的处理与记录。

二、实验原理

酸碱滴定法是利用已知物质的量浓度的酸(或碱)来测定未知物质的量浓度的碱(或酸)的实验方法，也称为中和滴定法。如图 6-6 所示，该法基于酸碱在水中的质子(H^+)转移反应，当酸与碱反应时，酸释放的质子被碱接受，形成盐和水。

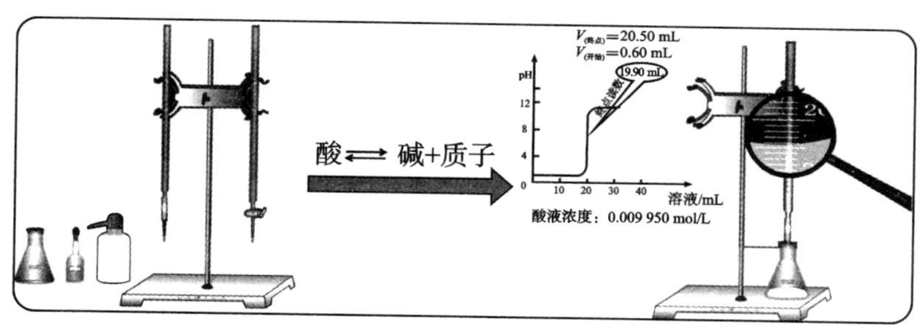

图 6-6　酸碱滴定示意图

(一)酸碱质子理论

凡能给出质子(H^+)的物质(分子或离子)都是酸，凡能与 H^+ 结合的物质(分子或离子)都是碱。

(二)滴定突跃

在滴定过程中，溶液的 pH 值会随着滴定剂的加入而发生变化。当接近滴定终点时，pH 值会发生急剧变化，这一现象称为滴定突跃。滴定突跃的范围与浓度有关。

(三)指示剂的变色原理与选择

指示剂本身是一种有机酸或碱，当溶液的酸度发生变化时，指示剂的结构随之发生变化，因而呈现出不同的颜色；每种指示剂都有一个固定的变色范围，该范围所处的位置取决于指示剂常数 K_{HIn}，变色范围的大小通常为 $pK_{HIn}\pm1$；当指示剂的变色范围进入或穿过终点附近 pH 的突跃时，才能观察到指示剂颜色的变化。

为了准确判断滴定终点，所选指示剂的变色范围应全部或部分落在滴定突跃范围内。常用的酸性指示剂有甲基橙、溴酚蓝、溴甲酚绿、甲基红等，常用的碱性指示剂有酚酞、百里酚酞等。

在选择指示剂时，需要考虑滴定突跃的范围和指示剂的变色范围。例如，在强碱滴定弱酸时，由于突跃范围小且计量点在碱性范围内，因此不能选择酸性范围内变色的指示剂，而应选择酚酞或百里酚酞。相反，在强酸滴定弱碱时，应选择甲基橙或溴甲酚绿等酸性指示剂。

三、实验器皿(图 6-7)

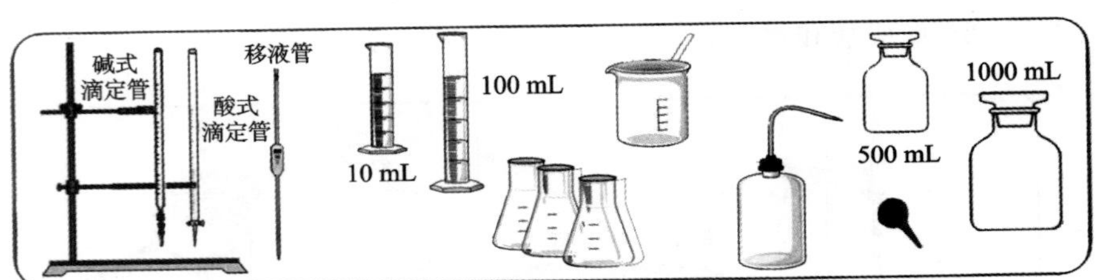

图 6-7　实验八实验器皿示意图

四、实验内容

(一)酸、碱溶液的配制

1. 300 mL 0.2 mol/L HCl 溶液的配制

如图 6-8 所示，用小量筒量取一定体积的 1∶1 HCl，少量多次转移至

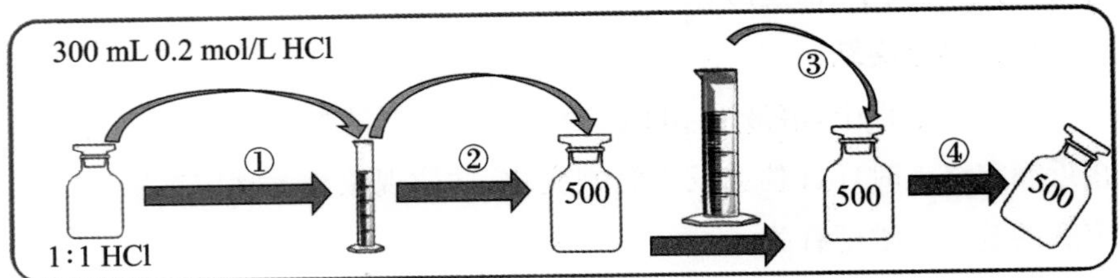

图 6-8　0.2 mol/L HCl 溶液的配制

500 mL 试剂瓶中，用大量筒量取蒸馏水补够剩余体积，充分摇匀。

2. 800 mL 0.2 mol/L NaOH 溶液的配制

如图 6-9 所示，用电子天平直接在烧杯中迅速称出一定质量的 NaOH，用 100 mL 蒸馏水少量多次溶解、转移至 1000 mL 试剂瓶中，用大量筒量取蒸馏水补够剩余体积，充分摇匀。贴上标签，注明年级、专业、姓名、配置时间以及样液名称，具体浓度待下次实验标定后填写。

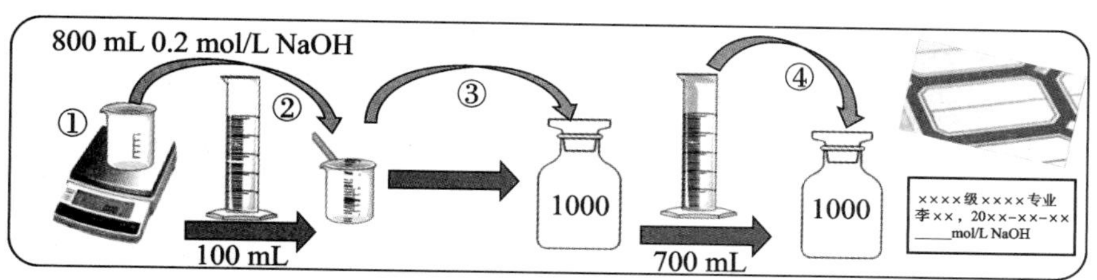

图 6-9　0.2 mol/L NaOH 溶液的配制

(二)NaOH 滴定 HCl 溶液的体积比较

1. 碱式滴定管的准备

洗涤碱式滴定管，查漏无误后，用 10 mL 蒸馏水润洗两次，再用 5～10 mL NaOH 待装液润洗碱式滴定管及管尖。给滴定管中灌满待装液，排出滴定管内及管尖头中的气泡，最后补液至零刻度附近，备用。

2. 锥形瓶的准备

洗涤 3 只锥形瓶，用少量蒸馏水润洗 3 次，备用。

3. 0.2 mol/L NaOH 滴定等浓度 HCl 溶液

NaOH 滴定等浓度 HCl 溶液的示意如图 6-10 所示，具体步骤如下：精确读出碱式滴定管中 NaOH 的初始体积(小数点后 2 位)，并记录下来；用移液管准确移取 25.00 mL 0.2 mol/L HCl 溶液至锥形瓶中，加入一滴酚酞指示剂，摇匀后放置于滴定管下端，以 3～4 滴/秒的速度滴加 NaOH，边加边摇匀，观察颜色的褪变；当褪变缓慢时，即接近滴定终点，

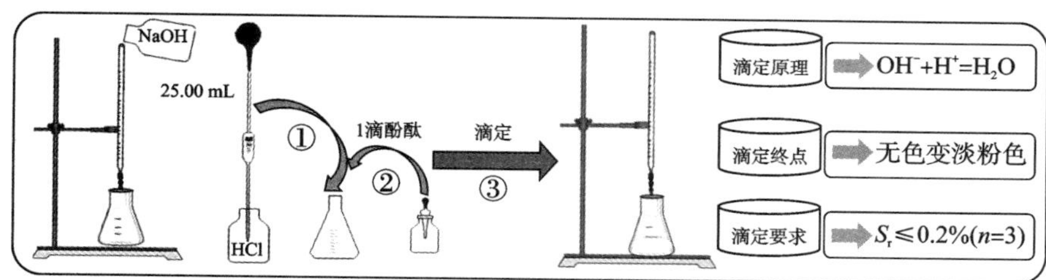

图 6-10　0.2 mol/L NaOH 滴定等浓度 HCl 溶液示意图

用洗瓶中的蒸馏水吹洗瓶壁，摇匀后观察颜色的变化；重复滴加和洗瓶吹洗步骤，直至颜色变为淡粉色且 30 s 内不褪色，即为终点；精确读出碱式滴定管中 NaOH 的终体积（小数点后 2 位）。分别计算 NaOH/HCl 的体积比，直到 3 次测定结果的相对标准偏差在 0.2%之内。

五、操作注意事项

（1）本次实验为容量分析法中滴定分析的训练性实验，以酸碱滴定为例，可进行酸碱滴定的反复回滴练习，旨在熟悉与掌握滴定操作。后续所有的滴定实验只能滴定至终点，且读取数据后重新补液开始下一轮测试。

（2）读取滴定管的数据时，必须将滴定管从铁架台上取下，手持液面之上，滴定管自然下垂，眼睛平视与液面相切的刻度线，读取准确读数。

（3）临近滴定终点前，应用洗瓶中的蒸馏水顺壁旋转冲洗锥形瓶瓶壁上的残余滴定液，根据颜色变化的快慢决定是否继续滴加。读取准确体积前，也应重复上述冲洗步骤。

（4）滴定终点所消耗的准确体积未必是整数滴数，应知道一滴是 0.04 mL，以便终点加减或扣除非整数滴。

六、原始数据记录（表 6-2）

表 6-2　实验八原始数据记录表

记录项目	编　号		
	1	2	3
NaOH 溶液终读数 $V_{NaOH终}$/mL			
NaOH 溶液初读数 $V_{NaOH初}$/mL			
$V_{NaOH}=V_{NaOH终}-V_{NaOH初}$/mL			
V_{HCl}/mL	25.00	25.00	25.00
V_{NaOH}/V_{HCl}			
V_{NaOH}/V_{HCl} 平均值			
偏差 S			
标准偏差 S_r			

七、课堂提问

(1)能否直接配制准确浓度的 NaOH 和 HCl 标准溶液?

(2)滴定终点附近用洗瓶吹洗瓶壁是否会影响滴定结果？为什么?

实验九　氢氧化钠标准溶液的标定

一、实验目的

(1)能熟练地用减量称量法准确快速称量基准物。

(2)掌握滴定过程以及指示剂法确定滴定终点的方法。

(3)掌握碱标准溶液的标定原理与方法。

二、实验原理

NaOH 标准溶液的标定：作为一种常见的非基准物，NaOH 因在空气中不稳定(易潮解、吸收二氧化碳等)，而不能用于直接配制标准溶液。可先粗略配制 NaOH 溶液，再用基准物 $KHC_8H_4O_4$ 准确配制的标准溶液标定 NaOH 的准确浓度。具体反应如下：

$$KHC_8H_4O_4+NaOH=KNaC_8H_4O_4+H_2O$$

该反应是强碱滴定弱酸式盐，终点产物 $KNaC_8H_4O_4$ 为强碱弱酸盐；等当点时溶液为碱性，可选择酚酞作指示剂，用 NaOH 溶液滴定至粉红色，且半分钟内不褪色，即为终点。

三、实验器皿(图 6-11)

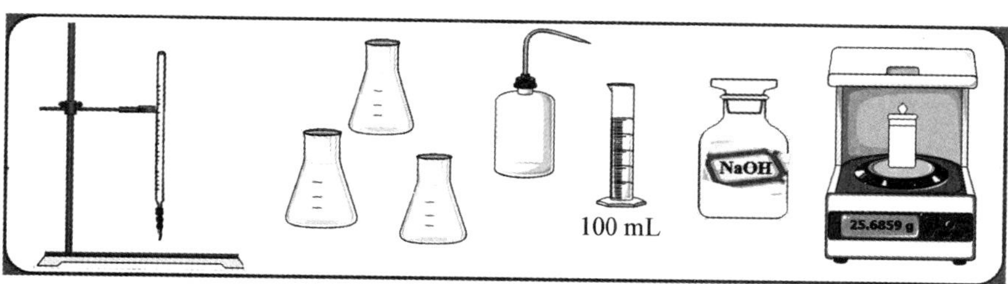

图 6-11　实验九实验器皿示意图

四、实验内容

(一)基准物 $KHC_8H_4O_4$ 的称量——减量称量法与样液准备

如图 6-12 所示，在电子分析天平上准确称取 3 份 0.8～1.2 g 的 $KHC_8H_4O_4$，分别置于 250 mL 锥形瓶中，并分别加入 25 mL 蒸馏水充分溶解后，加入 1 滴酚酞混匀，待滴定。

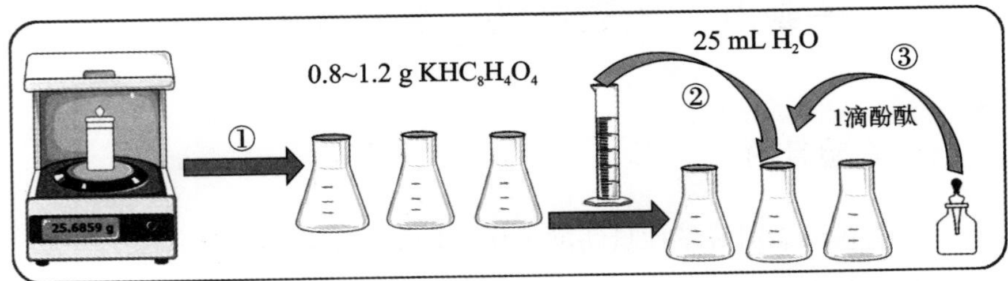

图 6-12　基准物 $KHC_8H_4O_4$ 的称量示意图

(二)NaOH 标准溶液的标定

如图 6-13 所示，将 NaOH 溶液灌装至滴定管中，滴定 $KHC_8H_4O_4$ 标准样液，当样液由无色变为粉红色且半分钟内不褪色时，即为终点。重复 3 份。记录消耗的每份 NaOH 的体积，按式(6-2)计算 NaOH 标准溶液的准确浓度。

$$c_{NaOH}=\frac{25.00\times c_{KHC_8H_4O_4}}{V_{NaOH}} \tag{6-2}$$

要求进行数据的取舍，且最终算得的 $S_r \leqslant 0.2\%$。将测得的 c_{NaOH} 值填写至标签空格处。

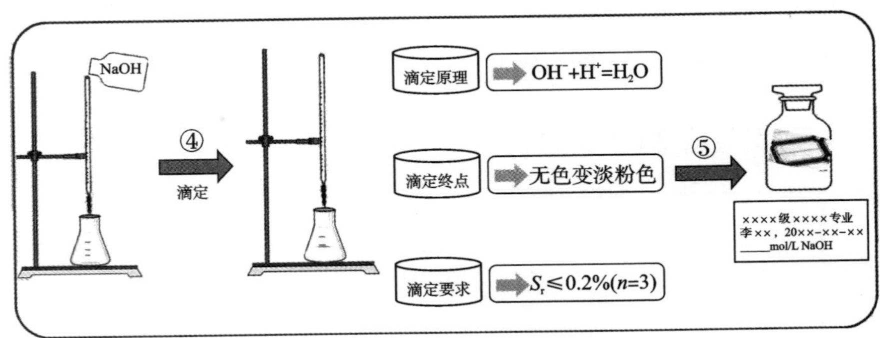

图 6-13　NaOH 标准溶液的标定示意图

五、操作注意事项

(1)本实验为容量分析法中酸碱滴定的标定实验。本次标定实验采用的是 $KHC_8H_4O_4$ 基准物 3 份小样的配制方法，$KHC_8H_4O_4$ 直接准确称量且配制于 3 个锥形瓶中，待标定的 NaOH 溶液灌装至碱式滴定管中。

(2)指示剂最多加 1 滴，指示剂加得越多，颜色背景越深，终点颜色的突变越不好判断。

(3)滴定结果数据的取舍应结合具体的实验过程与现象，而不是简单地认为重现性好的数据的平均值就是高准确度的结果。3 组实验中确保 1 个有高准确度的结果是最基本的，若能同时确保好的重现性，则堪称完美。因此，是否计算 S_r，应视具体保留的实验数据的个数而定。

六、原始数据记录(表 6-3)

表 6-3　实验九原始数据记录表

实验项目	编　号		
	1	2	3
倒出前(称量瓶＋试样)质量 m_1/g			
倒出后(称量瓶＋试样)质量 m_2/g			
$m_{KHC_8H_4O_4}=m_1-m_2$/g			
NaOH 溶液终读数 $V_{NaOH终}$/mL			
NaOH 溶液初读数 $V_{NaOH初}$/mL			
$V_{NaOH}=V_{NaOH终}-V_{NaOH初}$/mL			
c_{NaOH}/(mol · L^{-1})			
c_{NaOH} 平均值/(mol · L^{-1})			
偏差 S			
标准偏差 S_r			

七、课堂提问

(1)基准物 $KHC_8H_4O_4$ 的称量量为什么在 0.8～1.2 g 之间？

(2)溶解基准物 $KHC_8H_4O_4$ 的蒸馏水用什么量器量取？为什么？

实验十 铵盐中氮含量的测定(甲醛法)

一、实验目的

(1)了解酸碱滴定法的实际应用。

(2)掌握甲醛法测定铵盐中氮含量的原理与方法。

二、实验原理

(一)铵盐的性质

铵盐(如 NH_4Cl 和 $(NH_4)_2SO_4$)是常用的氮肥,它们属于强酸弱碱盐。由于 NH_4^+ 的酸性太弱($K_a=5.6\times10^{-10}$),因此无法直接用 NaOH 标准溶液进行准确滴定。

(二)甲醛法的应用

为了测定铵盐中的氮含量,通常采用甲醛法。甲醛与铵盐中的 NH_4^+ 反应,生成质子化的六次甲基四胺($(CH_2)_6N_4H^+$)和 H^+,反应式如下:

$$4NH_4^+ + 6HCHO \rightleftharpoons (CH_2)_6N_4H^+ + 3H^+ + 6H_2O$$

生成的 H^+ 和 $(CH_2)_6N_4H^+$(其 $K_a=7.1\times10^{-6}$)可以用 NaOH 标准溶液进行滴定。

(三)滴定终点的判断

滴定过程中,当所有的 H^+ 和 $(CH_2)_6N_4H^+$ 都被 NaOH 中和时,滴定达到终点。此时,溶液中的产物主要是 $(CH_2)_6N_4$,其水溶液呈微碱性。因此,可以使用酚酞作为指示剂,当溶液由无色变为淡红色且半分钟内不褪色时,即为滴定终点。

(四)氮含量的计算

通过记录滴定过程中消耗的 NaOH 标准溶液的体积,结合 NaOH 的浓度和反应方程式中的化学计量关系,可以计算出铵盐中氮的含量。具体计算公式为

$$\omega_{NH_3}=\frac{c_{NaOH}\times V_{NaOH}\times\frac{M_{NH_3}}{1000}}{m_{铵盐}}\times 100\% \qquad (6\text{-}3)$$

三、实验器皿(图 6-14)

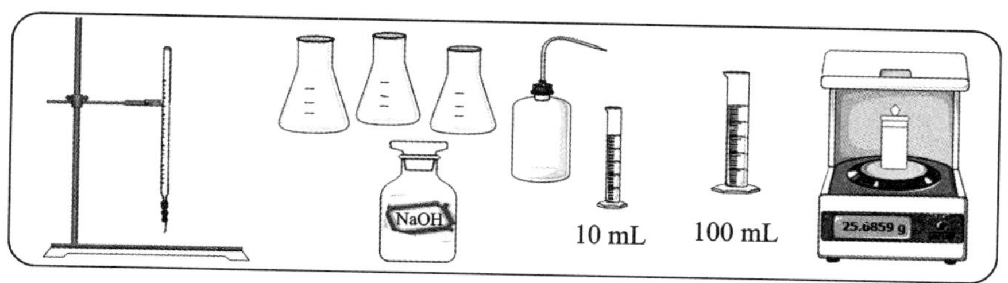

图 6-14　实验十实验器皿示意图

四、实验内容

(一)铵盐试样的称量与准备

如图 6-15 所示，在电子分析天平上用减量称量法准确称取 3 份 0.3～0.4 g 铵盐，分别置于 250 mL 锥形瓶中，加入 25 mL 蒸馏水充分溶解，再加入 5 mL 预先中和的 40% HCHO 溶液，摇匀后再加入 1 滴酚酞混匀，待滴定。

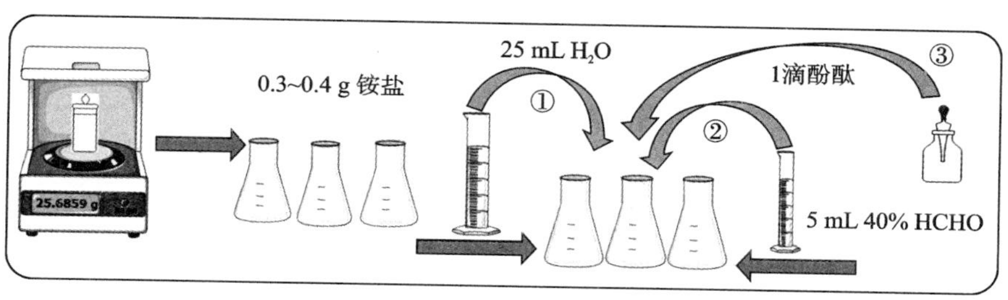

图 6-15　铵盐试样的称量与准备示意图

(二)铵盐的滴定和氨含量的测定

用 NaOH 标准溶液分别滴定 3 份铵盐试样，如图 6-16 所示，当样液由无色变为粉红色且半分钟内不褪色时，即为终点。记录消耗的每份 NaOH 标准溶液的体积，根据 NaOH 标准溶液的体积与准确浓度，按式(6-3)计算铵盐中氮的含量。

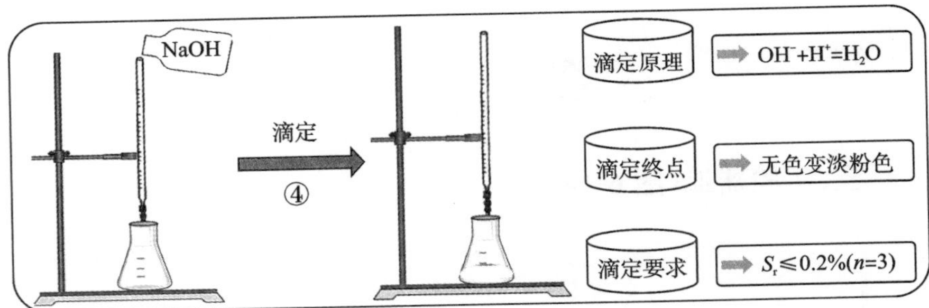

图 6-16　铵盐的滴定示意图

五、操作注意事项

(1)本次实验为容量分析法中酸碱滴定的应用性实验，采用的是待测试样 3 份小样的配制方法，铵盐直接准确称量且配制于 3 个锥形瓶中，滴定液 NaOH 标准溶液灌装至碱式滴定管。

(2)指示剂最多加 1 滴，指示剂加得越多，颜色背景越深，终点颜色的突变越不好判断。

(3)滴定结果数据的取舍应结合具体的实验过程与现象，而不是简单地认为重现性好的数据的平均值就是高准确度的结果。3 组实验中确保 1 个有高准确度的结果是最基本的，若能同时确保好的重现性，则堪称完美。因此，是否计算 S_r，应视具体保留的实验数据的个数而定。

六、原始数据记录(表 6-4)

表 6-4　实验十原始数据记录表

实验项目	编　号		
	1	2	3
倒出前(称量瓶+试样)质量 m_1/g			
倒出后(称量瓶+试样)质量 m_2/g			
$m_{铵盐}=m_1-m_2$/g			
NaOH 溶液终读数 $V_{NaOH终}$/mL			
NaOH 溶液初读数 $V_{NaOH初}$/mL			
$V_{NaOH}=V_{NaOH终}-V_{NaOH初}$/mL			
ω_{NH_3}/%			
ω_{NH_3} 平均值/%			
偏差 S			
标准偏差 S_r			

七、课堂提问

(1)铵盐的称量量为什么在 0.3～0.4 g 之间?

(2)实验中加入 HCHO 溶液的作用是什么?为何加入的 HCHO 溶液要事先用 NaOH 中和?为什么以酚酞作指示剂?

实验十一 EDTA 标准溶液的配制与标定

一、实验目的

(1)掌握 EDTA 标准溶液的配制与标定。

(2)掌握配位滴定的原理及滴定特点。

(3)掌握二甲酚橙指示剂判断反应终点的原理与过程。

二、实验原理

(一)乙二胺四乙酸的性质

乙二胺四乙酸简称 EDTA,常用 H_4Y 表示。由于其难溶于水,因此通常使用其二钠盐 Na_2H_2Y。Na_2H_2Y 为非基准物,通常以间接法配制其标准溶液。

(二)EDTA 的标定

标定 EDTA 溶液的基准物有 Zn、ZnO、$CaCO_3$ 等,本实验重点学习以 ZnO 为基准物,二甲基酚橙为金属指示剂,标定 EDTA 标准溶液的原理与方法。

(三)金属指示剂的作用原理

指示剂与金属离子形成配合物的颜色与指示剂自身的颜色有着明显的不同。

(四)EDTA 标准溶液标定的原理

如图 6-17 所示,以 ZnO 为基准物时,用二甲基酚橙作金属指示剂,在 pH=5.0～6.0 条件下,Zn^{2+} 与二甲基酚橙结合形成较稳定的紫红色配离子$[ZnH_2In]^{2-}$，使溶液呈现出紫红色。当用 EDTA 标准溶液滴定时，由于 EDTA 能与 Zn^{2+} 形成更稳定的无色的 ZnY^{2-}，反应达到化学计量点时，释放出亮黄色的游离的 H_2In^{4-}，因此溶液颜色在等当点时迅速从紫红色变为亮黄色。根据 ZnO 的质量和 EDTA 溶液消耗的体积，利用式(6-4)可确定 EDTA 标准溶液的浓度。

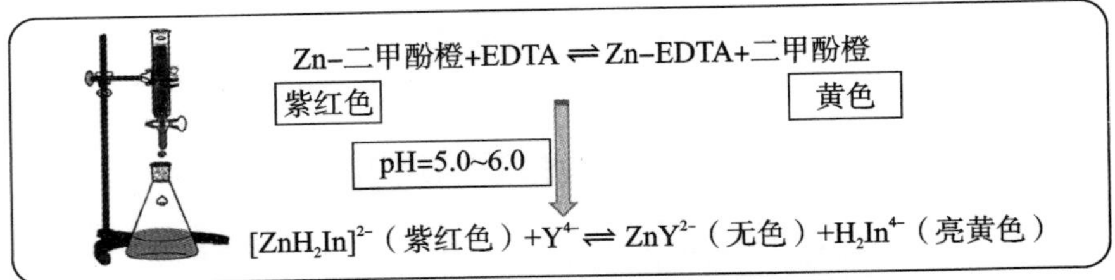

图 6-17　EDTA 标准溶液标定的原理示意图

$$c_{EDTA}=\frac{m_{ZnO}\times\frac{V_{移}}{V_{容}}}{V_{EDTA}\times\frac{M_{ZnO}}{1000}} \tag{6-4}$$

三、实验器皿(图 6-18)

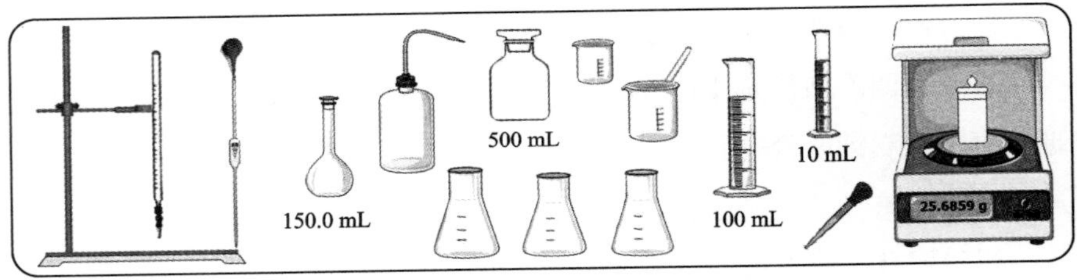

图 6-18　实验十一实验器皿示意图

四、实验内容

(一)500 mL 0.02 mol/L EDTA 标准溶液的配制

如图 6-19 所示，在台秤上称取 3.8 g Na_2H_2Y 于烧杯中，用 200 mL 蒸馏水少量多次地溶解并转移至 500 mL 试剂瓶中，再向试剂瓶中补充 300 mL 蒸馏水，混匀待用。用 15 mL EDTA 溶液润洗碱式滴定管两次后，将 EDTA 溶液灌装至碱式滴定管。

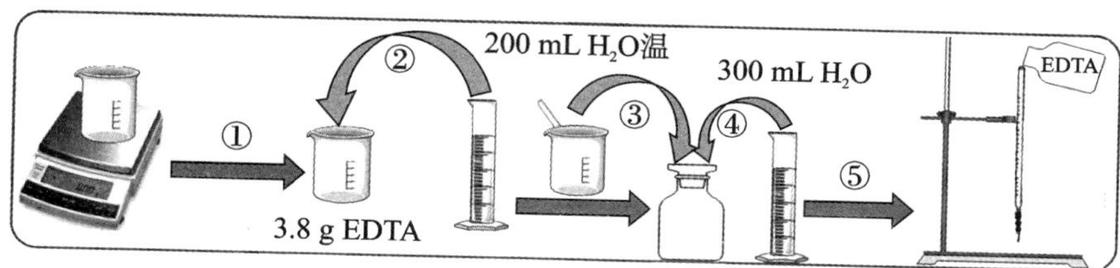

图 6-19　0.02 mol/L EDTA 标准溶液的配制示意图

(二)ZnO 基准物标定 EDTA 溶液

如图 6-20 所示，ZnO 基准物标定 EDTA 溶液主要分为以下几步。

1. 0.02 mol/L ZnO 标准溶液的配制

准确称取 0.2～0.3 g ZnO 至烧杯中，用洗瓶向烧杯中加少量蒸馏水至 ZnO 成糊状，再用滴管向其中逐滴加入 5 mL 1∶1 HCl，边加边搅拌至 ZnO 完全溶解。将 ZnO 溶液定量转移至 150.0 mL 容量瓶中，用蒸馏水稀释定容至刻度线并摇匀。

2. 0.02 mol/L EDTA 标准溶液的标定

用 25.00 mL 移液管移取 25 mL ZnO 标准溶液于 250 mL 锥形瓶中，再向其中加入 30 mL 蒸馏水和 1 滴二甲基酚橙，摇匀后呈亮黄色。逐滴加入 1∶1 氨水至溶液变为橙色，然后滴加 20%六次甲基四胺至溶液变为稳定的紫色，补加 3 mL 20%六次甲基四胺；若滴加 1∶1 氨水直接使溶液变为紫色且无沉淀生成(若有沉淀，则弃去)，则直接补加 3 mL 20%六次甲基四胺，用 EDTA 溶液滴定至紫红色变为亮黄色，即为终点。

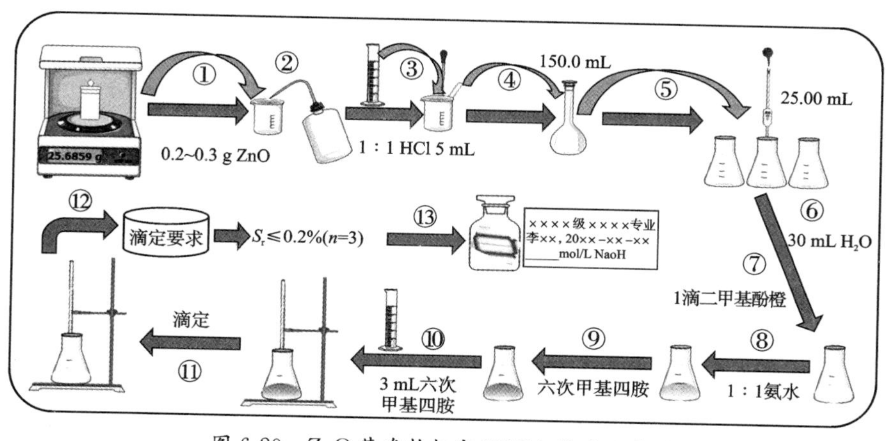

图 6-20　ZnO 基准物标定 EDTA 溶液示意图

记录 V_{EDTA}，平行 3 次，且偏差小于 0.05 mL。根据 m_{ZnO} 和 V_{EDTA}，利用式(6-4)计算出 c_{EDTA} 的准确数值。要求进行数据的取舍，且最终算得的 $S_r \leqslant 0.2\%$，并将 c_{EDTA} 的准确结果填写在标签空白处。

五、操作注意事项

(1)本次实验为容量分析法中配位滴定的标定实验，采用的是基准物试样 1 份大样的配制方法，基准物 ZnO 直接准确称量且配置定容于容量瓶中，用移液管分 3 次分别准确移取至 3 个锥形瓶中；待标定的 EDTA 标准溶液灌装至碱式滴定管。

(2)标定实验中用到的氨水和 20%六次甲基四胺，其作用是一样的，均是用来调节滴定液的 pH 值的，且在指定 pH 值下滴定液均呈紫色。只不过，前者是无机碱，碱性更强，价格便宜；后者为碱性较弱的有机碱，价格较贵。为降低实验成本，故二者混用。但当碱性过强时，容易产生 $Zn(OH)_2$ 沉淀及紫色浑浊液。因此只要滴定液变成稳定清亮的紫色溶液，就再补加 20%的六次甲基四胺即可。

(3)指示剂最多加 1 滴，指示剂加得越多，颜色背景越深，终点颜色的突变越不好判断。

(4)与基准物 3 份小样的配制相比，1 份大样配制结果的重现性明显优于前者。这也就导致 3 组测量结果要么都好(准确度与精密度均高)，要么都不好。直接影响测量结果好坏的因素主要为基准物的准确称量、定容配制及移取。

六、原始数据记录(表 6-5)

表 6-5　实验十一原始数据记录表

实验项目	编　号		
	1	2	3
倒出前(称量瓶+试样)质量 m_1/g			
倒出后(称量瓶+试样)质量 m_2/g			
$m_{ZnO}=m_1-m_2$/g			
容量瓶的体积 $V_{容}$/mL			
移取基准液的体积 $V_{移}$/mL			

续表

实验项目	编号		
	1	2	3
EDTA 溶液终读数 $V_{EDTA终}$/mL			
EDTA 溶液初读数 $V_{EDTA初}$/mL			
$V_{EDTA}=V_{EDTA终}-V_{EDTA初}$/mL			
$c_{EDTA}/(mol\cdot L^{-1})$			
c_{EDTA} 平均值/$(mol\cdot L^{-1})$			
偏差 S			
标准偏差 S_r			

七、课堂提问

(1)以 ZnO 为基准、二甲基酚橙作指示剂标定 EDTA 的原理是什么?

(2)配位滴定的特点是什么?操作时的注意事项有哪些?

(3)加氨水与六次甲基四胺的共性与区别是什么?

实验十二　水的总硬度测定及硫代硫酸钠标准溶液的配制

一、实验目的

(1)掌握配位滴定法测定水的总硬度的原理与方法。

(2)熟悉金属指示剂铬黑 T 的变色原理及滴定终点的判断。

(3)了解常用硬度的表示方法。

(4)掌握 $Na_2S_2O_3$ 标准溶液的配制与保存。

二、实验原理

(一)水的总硬度的定义

水的总硬度是指一定量水中 Ca^{2+}、Mg^{2+} 的总量,是衡量水质的一个重要指标。水的硬度分为碳酸盐硬度和非碳酸盐硬度两种。碳酸盐硬度主要是由钙、镁的碳酸氢盐所形成的硬度，这类硬度经加热之后分解成沉淀物从水中除去，故称为暂时硬度。非碳酸盐硬度主要是由钙、镁的硫酸盐、氯化物和硝酸盐等盐类所形成的硬度，这类硬度性质稳定，不能用加热分解的方法除去，故称为永久硬度。

(二)水的总硬度的测定方法——化学分析法

通常采用 EDTA 配位滴定法来测定水的总硬度。在 pH=10.0 的缓冲体系下，以铬黑 T 为指示剂，用 EDTA 标准溶液滴定一定量的水，可以测得水中 Ca^{2+} 和 Mg^{2+} 的总量，即水的总硬度。

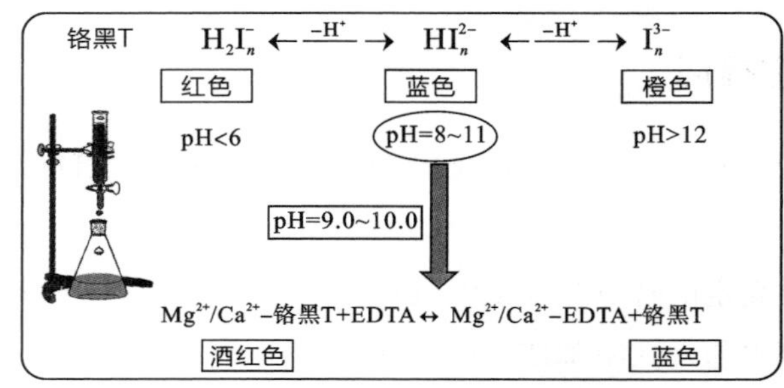

图 6-21　水的总硬度的测定方法

由图 6-21 可知，指示剂铬黑 T 在 pH=10.0 附近其自身的颜色为蓝色，Ca^{2+} 和 Mg^{2+} 与铬黑 T 所形成的络合物 Ca^{2+}/Mg^{2+}-铬黑 T 为酒红色，二者之间有明显的色差。此外，Ca^{2+} 和 Mg^{2+} 与铬黑 T、EDTA 的络合物的稳定性为 $CaY^{2-}>MgY^{2-}>MgHI_n>CaHI_n$。因此，在滴定前，$Ca^{2+}$ 与铬黑 T 和 Mg^{2+} 与铬黑 T 先生成酒红色较稳定的络合物 Ca^{2+}/Mg^{2+}-铬黑 T；随着 EDTA 的加入，溶液中的 Ca^{2+} 和 Mg^{2+} 先与 EDTA 形成无色的 Ca^{2+}/Mg^{2+}-EDTA 络合物；终点附近 EDTA 夺取铬黑 T 上的 Ca^{2+} 和 Mg^{2+}，因而溶液的颜色由酒红色变为纯蓝色，从而指示终点。

实验水样的总硬度可根据滴定终点消耗的 EDTA 的体积、EDTA 的准确浓度以及水样的体积，按照式(6-5)计算求得。

$$硬度(^\circ)=\frac{c_{\mathrm{EDTA}}\times V_{\mathrm{EDTA}}\times\frac{M_{\mathrm{CaO}}}{1000}}{V_{水样}}\times10^5 \tag{6-5}$$

三、实验器皿(图 6-22)

图 6-22　实验十二实验器皿示意图

四、实验内容

(一)水的总硬度的测定

如图 6-23 所示，用指定的量筒量取 100 mL 水样于 250 mL 锥形瓶中，向其中加入 5 mL pH＝10.0 的缓冲溶液和 1 滴铬黑 T，摇匀后溶液呈稳定的酒红色；用 EDTA 滴定至溶液由酒红色变为纯蓝色，即为终点，记录消耗 EDTA 的体积。平行 3 次实验。根据终点消耗的 EDTA 的体积、EDTA 的准确浓度以及水样的体积计算水的总硬度。要求进行数据的取舍，且最终算得的 $S_r \leqslant 0.2\%$。

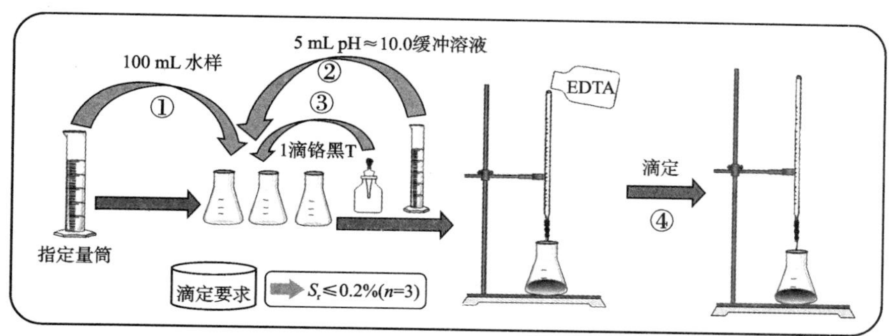

图 6-23　水的总硬度的测定示意图

(二)500 mL 0.1 mol/L $Na_2S_2O_3$ 标准溶液的配制与保存

如图 6-24 所示，在台秤上用烧杯称取 12.5 g $Na_2S_2O_3$，少量多次地向烧杯中加入 100 mL 蒸馏水，边加边搅拌，并多次转移至 500 mL 棕色试剂瓶中；向试剂瓶中补加 400 mL 蒸馏水，摇匀，加入半勺 Na_2CO_3。领取标签，按图示填好并贴到棕色试剂瓶上，在暗处放置一周后再标定。

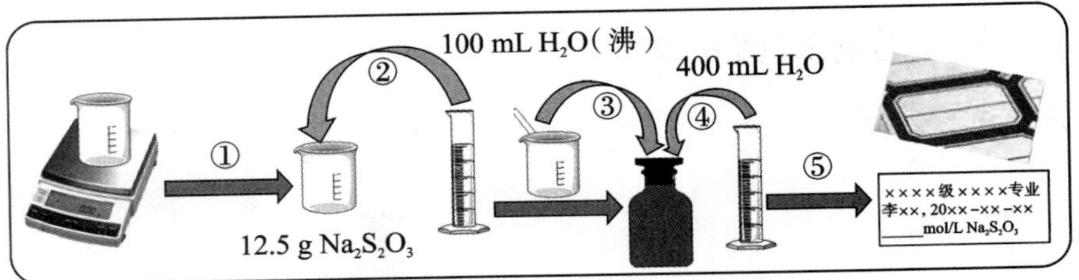

图 6-24　0.1 mol/L $Na_2S_2O_3$ 标准溶液的配制与保存示意图

五、操作注意事项

（1）本次实验为容量分析法中配位滴定的应用性实验，采用的待测试样为指定水样，需用指定器皿取样。由于来源水样的硬度较小，因此滴定终点所消耗的 EDTA 的体积通常不超过 10 mL。

（2）指示剂最多加 1 滴，指示剂加得越多，颜色背景越深，终点颜色的突变越不好判断。

（3）滴定结果数据的取舍应结合具体的实验过程与现象，而不是简单地认为重现性好的数据的平均值就是高准确度的结果。3 组实验中确保有 1 个高准确度的结果是最基本的；若能同时确保好的重现性，则堪称完美。因此，是否计算 S_r，应视具体保留的实验数据的个数而定。

（4）因为 $Na_2S_2O_3$ 为非基准物，因此其标准溶液采用的是间接配制法，即先粗略配制再标定出其准确浓度。为防止放置过程中生菌，需加 Na_2CO_3 确保试验溶液存放的稳定性。

六、原始数据记录(表 6-6)

表 6-6　实验十二原始数据记录表

实验项目	编　号		
	1	2	3
水样的体积 $V_{水}$/mL	100	100	100
EDTA 标准溶液终读数 $V_{EDTA终}$/mL			
EDTA 标准溶液初读数 $V_{EDTA初}$/mL			
$V_{EDTA}=V_{EDTA终}-V_{EDTA初}$/mL			
c_{EDTA}/(mol·L^{-1})			
水的总硬度/(°)			
水的总硬度平均值/(°)			

续表

实验项目	编　号		
	1	2	3
偏差 S			
标准偏差 S_r			

七、课堂提问

(1)配位滴定法测定水的总硬度的原理是什么?

(2)测水的总硬度时,为什么要控制样液的 pH 为 10.0 左右?

实验十三　硫代硫酸钠标准溶液的标定

一、实验目的

(1)掌握标定 $Na_2S_2O_3$ 标准溶液浓度的原理与方法。

(2)掌握间接碘量法的原理与测定条件。

(3)熟悉金淀粉指示剂的变色原理及滴定终点的判断。

二、实验原理

硫代硫酸钠($Na_2S_2O_3 \cdot 5H_2O$)标准溶液的标定是化学分析中的一个重要内容,其目的是确定溶液中硫代硫酸钠的准确浓度。以下是硫代硫酸钠标准溶液标定的详细步骤及注意事项。

(一)$Na_2S_2O_3 \cdot 5H_2O$ 的性质

$Na_2S_2O_3 \cdot 5H_2O$ 中一般含有少量的杂质,且暴露在空气中容易风化,因而不能作为基准物直接配制。通常用重铬酸钾($K_2Cr_2O_7$)作为基准物,采用间接碘量法标定出 $Na_2S_2O_3$ 标准溶液的准确浓度。

(二)$Na_2S_2O_3$ 标准溶液的标定原理

$Na_2S_2O_3$ 标准溶液浓度的标定采用氧化还原滴定法中经典的间接碘量法,即在酸性介质条件下,$K_2Cr_2O_7$ 先与 KI 发生氧化还原反应,释放

出 I_2 单质；析出的 I_2 单质进一步用 $Na_2S_2O_3$ 标准溶液滴定。以淀粉作为专属指示剂，在接近终点时加入淀粉指示剂，这样可以避免过早加入淀粉导致部分 I_2 单质提前参与反应，使淀粉变色提前发生，从而影响对滴定终点的判断。临近终点加入淀粉指示剂使少量未反应的 I_2 单质与淀粉结合有利于终点的观察，有效指示滴定终点确保 $Na_2S_2O_3$ 标准溶液准确浓度的测得。

（三）$Na_2S_2O_3$ 标准溶液的标定步骤

由图 6-25 可知，在酸性条件下，专属指示剂淀粉其自身的颜色为无色，接近终点时与少量酒红色 I_2 形成稳定的墨水蓝络合物；滴定终点时，I_2 单质还原为游离的 I^-，蓝色消失，即为终点。$Na_2S_2O_3$ 标准溶液的准确浓度可按照式(6-6)计算求得。

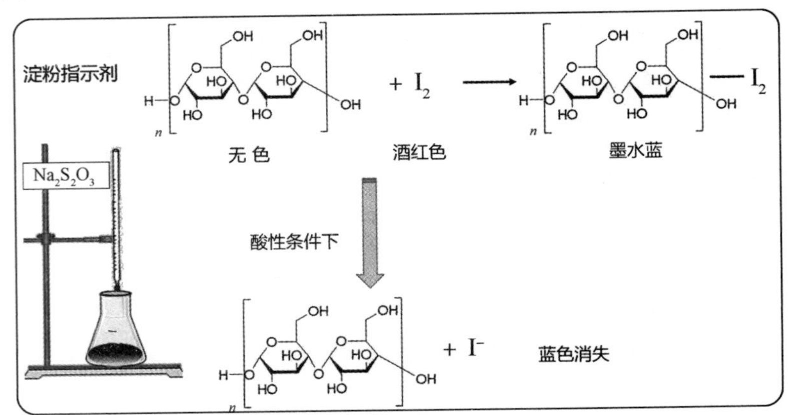

图 6-25　$Na_2S_2O_3$ 标准溶液的标定步骤

$$c_{Na_2S_2O_3}=\frac{m_{K_2Cr_2O_7}\times\frac{V_{移}}{V_{容}}}{V_{Na_2S_2O_3}\times\frac{M_{K_2Cr_2O_7}}{1000}}\times 6 \tag{6-6}$$

三、实验器皿(图 6-26)

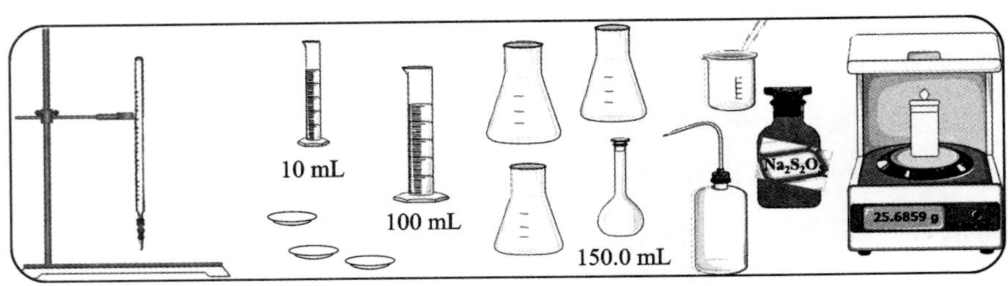

图 6-26　实验十三实验器皿示意图

四、实验内容

$Na_2S_2O_3$ 标准溶液的标定主要涉及基准物标准溶液的配制和 $Na_2S_2O_3$ 标准溶液浓度的标定，如图 6-27 所示。

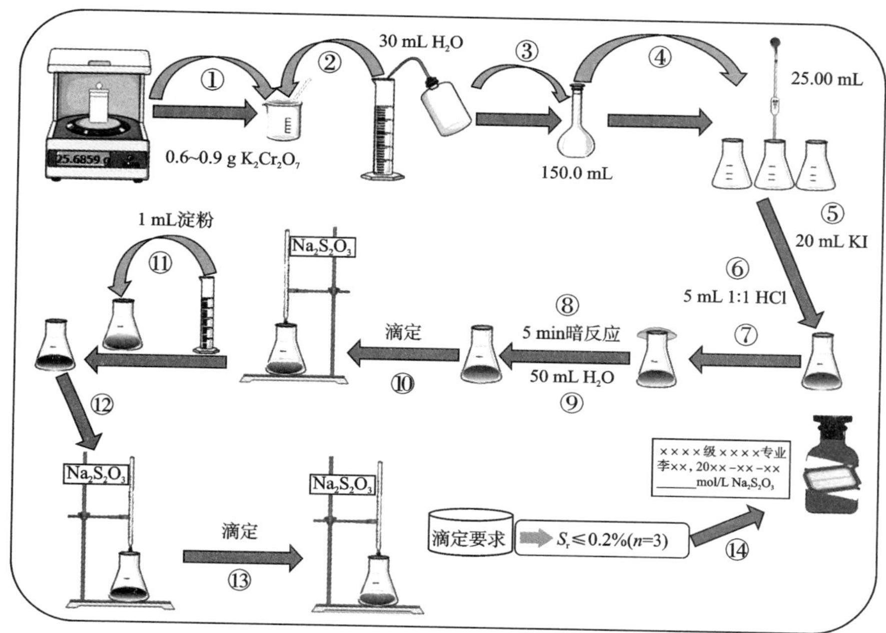

图 6-27　实验内容示意图

(一)0.1 mol/L $K_2Cr_2O_7$ 标准溶液的配制

在分析天平上用小烧杯准确称取 0.6～0.9 g $K_2Cr_2O_7$，用 30 mL 蒸馏水将 $K_2Cr_2O_7$ 搅拌溶解并少量多次转移至 150 mL 容量瓶中，定容至刻度线，摇匀备用。

(二)0.1 mol/L $Na_2S_2O_3$ 标准溶液浓度的标定

用 25.00 mL 移液管移取 25 mL 上述 $K_2Cr_2O_7$ 标准溶液于 250 mL 锥形瓶中，向锥形瓶中分别加入 20 mL 10% KI 和 5 mL 1∶1 HCl，摇匀后盖上表面皿，使溶液中的物质在暗处反应 5 min；再向锥形瓶中加入 50 mL 蒸馏水稀释，用 $Na_2S_2O_3$ 标准溶液滴定至溶液的颜色由酒红色变为黄绿色(接近终点)，加入 1 mL 淀粉，继续用 $Na_2S_2O_3$ 标准溶液滴定至蓝色褪去即为终点。记录消耗的 $Na_2S_2O_3$ 标准溶液的体积。平行 3 次实验。根据终点消耗的 $Na_2S_2O_3$ 标准溶液的体积、$K_2Cr_2O_7$ 标准溶液的准确浓度以及准确移取的体积(25.00 mL)，计算 $Na_2S_2O_3$ 标准溶液的准确浓度。要求进行数据的取舍，且最终算得的 $S_r \leq 0.2\%$。

五、操作注意事项

(1)本次实验为容量分析法中氧化还原滴定的标定实验，采用的是经典的间接碘量法。其中基准物试样采取的是一份大样的配制方法，基准物 $K_2Cr_2O_7$ 直接准确称量且定容配制于容量瓶中，用移液管分 3 次分别准确移取至 3 个锥形瓶中；待标定的 $Na_2S_2O_3$ 标准溶液灌装至碱式滴定管。

(2)临近终点时，淀粉指示剂的加入会使清亮透明的黄绿色变为不透明的墨水蓝色(淀粉指示剂与 I_2 形成稳定的络合物)；滴定终点时，I_2 单质还原为游离的 I^-，不透明的墨水蓝色消失，样液瞬间由不透明变得透亮。

(3)指示剂最多加 1 滴，指示剂加得越多，颜色背景越深，终点颜色的突变越不好判断。

(4)与基准物 3 份小样的配制相比，1 份大样配制结果的重现性明显优于前者。这也就导致 3 组测量结果要么都好(准确度与精密度均高)，要么都不好。直接影响测量结果好坏的因素主要为基准物的准确称量、定容配制及移取。

六、原始数据记录(表 6-7)

表 6-7　实验十三原始数据记录表

实验项目	编　号		
	1	2	3
倒出前(称量瓶＋试样)质量 m_1/g			
倒出后(称量瓶＋试样)质量 m_2/g			
$m_{K_2Cr_2O_7}=m_1-m_2$/g			
容量瓶的体积 $V_{容}$/mL			
移取基准液的体积 $V_{移}$/mL			
$Na_2S_2O_3$ 溶液终读数 $V_{Na_2S_2O_3终}$/mL			
$Na_2S_2O_3$ 溶液初读数 $V_{Na_2S_2O_3初}$/mL			

续表

实验项目	编号		
	1	2	3
$V_{Na_2S_2O_3}=V_{Na_2S_2O_3终}-V_{Na_2S_2O_3初}$/mL			
$c_{Na_2S_2O_3}$/(mol·L^{-1})			
$c_{Na_2S_2O_3}$ 平均值/(mol·L^{-1})			
偏差 S			
标准偏差 S_r			

七、课堂提问

(1)间接碘量法的原理是什么?

(2)用 $K_2Cr_2O_7$ 标准溶液滴定 $Na_2S_2O_3$ 标准溶液时,为什么要加入过量的 KI 和 HCl?

实验十四　硫酸铜中铜含量的测定

一、实验目的

(1)掌握用间接碘量法测定铜含量的原理与方法。

(2)熟悉淀粉指示剂的变色原理及滴定终点的判断。

二、实验原理

铜盐(以硫酸铜为例)中铜含量的测定是化学分析中常见的一个实验,主要通过间接碘量法来进行。如图 6-28 所示,使用间接碘量法测定 Cu^{2+} 的反应原理基于以下几个关键步骤。

(一)铜离子与碘离子的反应

在酸性条件下,铜离子(Cu^{2+})与碘离子(I^-)发生反应生成碘化亚铜(CuI)沉淀和碘(I_2)。铜盐中的铜含量可用间接碘量法测定。在酸性条件下,向含 Cu^{2+} 的溶液中加入过量 KI,使其与 Cu^{2+} 发生氧化还原反应,

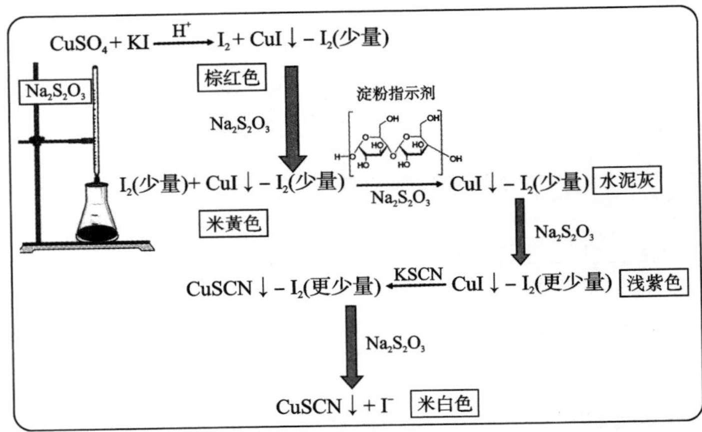

图 6-28　间接碘量法测定 Cu^{2+} 的原理示意图

释放出 I_2 单质；析出的 I_2 单质进一步用 $Na_2S_2O_3$ 标准溶液滴定，以淀粉作为专属指示剂。

(二)碘的释放与再生成

CuI 沉淀会强烈吸附 I_3^-（I_2 与 I^- 的络合物），导致测定结果偏低。为了解决这个问题，在大部分 I_2 单质与 $Na_2S_2O_3$ 标准溶液反应后，可以加入硫氰酸钾(KSCN)，使 CuI 转化为溶解度更小且对 I_2 单质吸附更少的硫氰酸铜(CuSCN)，从而释放出被吸附的 I^-，释放出的 I^- 与未反应的 Cu^{2+} 继续反应。

(三)碘的滴定

生成的 I_2 单质用 $Na_2S_2O_3$ 标准溶液进行滴定，以淀粉作为指示剂。铜盐中的铜含量可按照式(6-7)计算求得。

$$\omega_{Cu} = \frac{c_{Na_2S_2O_3} \times V_{Na_2S_2O_3} \times \frac{M_{Cu}}{1000}}{m_{CuSO_4}} \times 100\% \tag{6-7}$$

三、实验器皿(图 6-29)

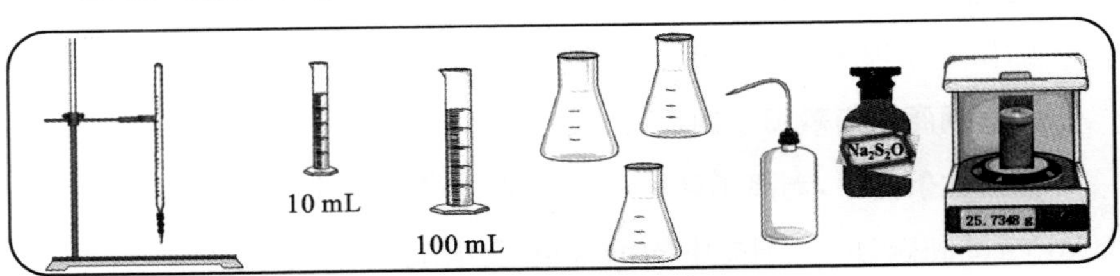

图 6-29　实验十四实验器皿示意图

四、实验内容

(一)$CuSO_4$ 试样的称量

如图 6-30 所示,在分析天平上用减量称量法准确称取 3 份 0.5～0.8 g $CuSO_4$ 试样,分别置于 250 mL 锥形瓶中,向锥形瓶中分别加入 30 mL 蒸馏水溶解,摇匀备用。

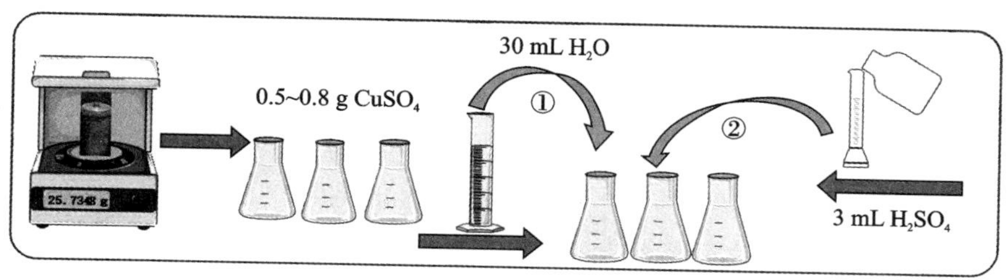

图 6-30 $CuSO_4$ 试样的称量

(二)$CuSO_4$ 中铜含量的测定

如图 6-31 所示,取 1 份上述溶解好的样品,向其中加入 3 mL H_2SO_4 和 7～8 mL KI,摇匀后溶液呈棕红色,立即用 $Na_2S_2O_3$ 标准溶液滴定至溶液变为米黄色;向溶液中加入 1 mL 淀粉,摇匀后溶液呈现水泥灰色,继续用 $Na_2S_2O_3$ 溶液滴定至溶液变为浅紫色;再向溶液中加入 5 mL KSCN,摇匀且反应 5 min,用 $Na_2S_2O_3$ 标准溶液滴定至溶液变为米白色即为终点。记录消耗 $Na_2S_2O_3$ 标准溶液的体积。平行 3 次实验。根据 $Na_2S_2O_3$ 标准溶液的准确浓度、终点消耗的 $Na_2S_2O_3$ 标准溶液的体积,以及 $CuSO_4$ 试样的质量,可计算硫酸铜中铜的百分含量。要求进行数据

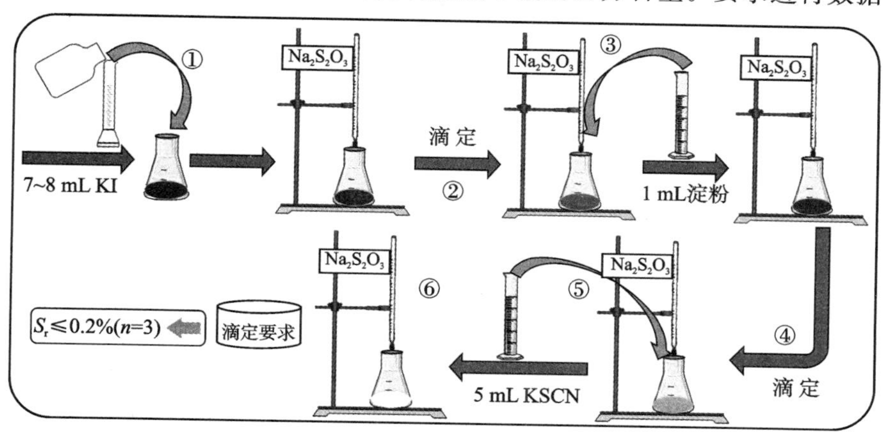

图 6-31 $CuSO_4$ 试样中铜含量的测定示意图

的取舍，且最终算得的 $S_r \leqslant 0.2\%$。

五、操作注意事项

（1）本次实验为容量分析法中氧化还原滴定的应用性实验，采用的是经典的间接碘量法结合沉淀转化反应。其中待测试样铜盐采取的是3份小样的准确称量方法，且配制于3个锥形瓶中；滴定液 $Na_2S_2O_3$ 标准溶液灌装至碱式滴定管。

（2）在加入淀粉指示剂前，样液均为清亮透明的颜色；加入淀粉后，样液均变为不透明的颜色；直至滴定终点时，不透明的浅紫色消失，样液瞬间由不透明变得透亮。

（3）指示剂最多加1滴，指示剂加得越多，颜色背景越深，终点颜色的突变越不好判断。

（4）滴定结果数据的取舍应结合具体的实验过程与现象，而不是简单地认为重现性好的数据的平均值就是高准确度的结果。3组实验中确保有1个高准确度的结果是最基本的；若能同时确保好的重现性，则堪称完美。因此，是否计算 S_r，应视具体保留的实验数据的个数而定。

六、原始数据记录（表6-8）

表6-8 实验十四原始数据记录表

实验项目	编号		
	1	2	3
倒出前（称量瓶+试样）质量 m_1/g			
倒出后（称量瓶+试样）质量 m_2/g			
$m_{CuSO_4}=m_1-m_2/g$			
$Na_2S_2O_3$ 标准溶液终读数 $V_{Na_2S_2O_3终}/mL$			
$Na_2S_2O_3$ 标准溶液初读数 $V_{Na_2S_2O_3初}/mL$			
$V_{Na_2S_2O_3}=V_{Na_2S_2O_3终}-V_{Na_2S_2O_3初}/mL$			
$\omega_{Cu}/\%$			
ω_{Cu} 平均值/%			
偏差 S			
标准偏差 S_r			

七、课堂提问

(1)本实验中为何加入 KSCN？若酸化后立即加入 KSCN，则会对测量结果有何影响？

(2)已知 Cu^{2+}/Cu^{+} 和 I_2/I^- 的标准电极电位分别为 0.16 V、0.55 V，为何 Cu^{2+} 能将 I^- 氧化为 I_2？

实验十五　可溶性硫酸盐中硫含量的测定

一、实验目的

(1)了解晶形沉淀形成的条件、原理与方法。

(2)掌握重量分析法的基本操作。

(3)掌握可溶性硫酸盐中硫含量的测定原理与方法。

二、实验原理

测定可溶性硫酸盐中硫含量的经典方法是重量分析法，特别是通过硫酸钡($BaSO_4$)沉淀法来实现。具体原理和过程如图 6-32 所示。

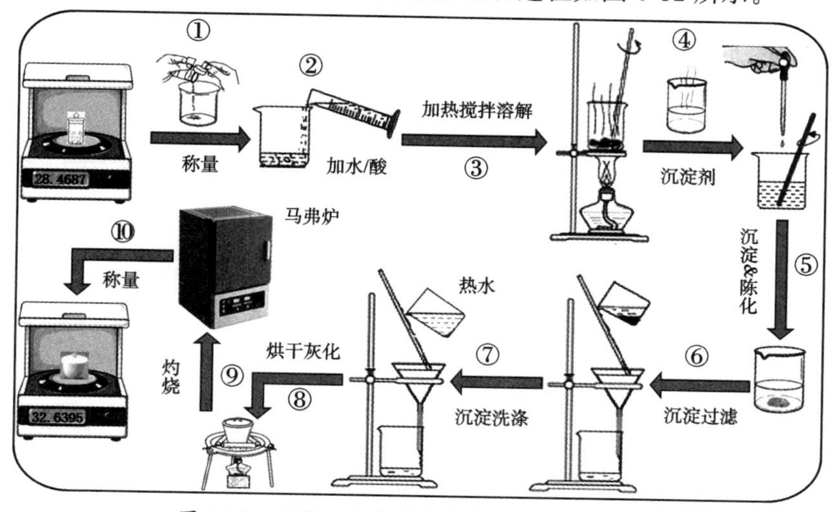

图 6-32　可溶性硫酸盐中硫含量的测定示意图

(一)可溶性硫酸盐中硫含量测定的实验原理

$BaSO_4$ 的溶解度非常小，在 25 ℃时，其溶解度仅为 0.25 mg/100 mL 水。在存在过量沉淀剂的情况下，其溶解的量可以忽略不计。此外，$BaSO_4$ 的性质非常稳定，干燥后的组分与化学式完全符合。因此，可以通过将可溶性硫酸盐中的 SO_4^{2-} 沉淀为 $BaSO_4$，然后称量 $BaSO_4$ 的质量来间接测定其中硫的含量。

$$SO_4^{2-} + BaCl_2(\text{过量}) \rightarrow BaSO_4 \downarrow + 2Cl^-$$

(二)可溶性硫酸盐中硫含量的测定过程

准确称取一定量的可溶性硫酸盐，加蒸馏水、酸加热至沸；在不断搅拌下，缓慢加入稀、热、过量的 $BaCl_2$ 沉淀剂，生成 $BaSO_4$ 晶形沉淀；晶形沉淀经陈化、过滤、洗涤、烘干、灰化、高温灼烧后，以 $BaSO_4$ 形式称重，按照式(6-8)可求出可溶性硫酸盐中 $SO_4{}^{2-}$ 的含量：

$$\omega_{SO_4^{2-}} = \frac{m_{BaSO_4} \times M_{SO_4^{2-}}}{W_{\text{样品}} \times M_{BaSO_4}} \times 100\% \tag{6-8}$$

三、实验器皿(图 6-33)

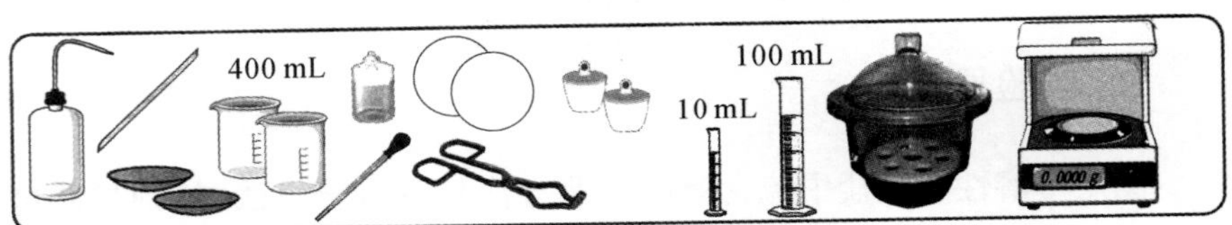

图 6-33　实验十五实验器皿示意图

四、实验内容

(一)空坩埚的恒重

如图 6-34 所示，将洁净的坩埚放至 800～850 ℃马弗炉中高温灼烧。第一次灼烧 40 min，取出后在干燥器中冷却至室温，用分析天平准确称

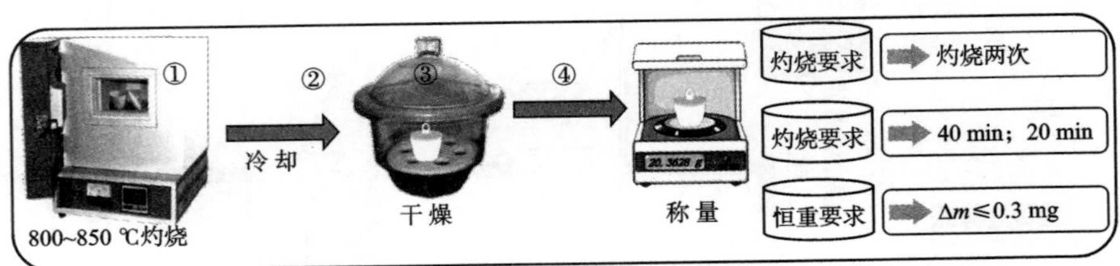

图 6-34　空坩埚的恒重操作示意图

量；第二次灼烧 20 min，取出后冷却至室温再称量；重复几次，直至两次称量的质量之差 $\Delta m \leqslant 0.3$ mg，即为坩埚恒重。

(二)样品称量与加热溶解

如图 6-35 所示，在分析天平上用减量称量法准确称取两份 0.2～0.3 g 可溶性硫酸盐试样于两个 400 mL 烧杯中；向烧杯中各加入 25 mL 蒸馏水使硫酸盐试样溶解；再加入 5 mL 2.0 mol/L HCl 酸溶解；稀释至约 200 mL，加热至接近沸腾。

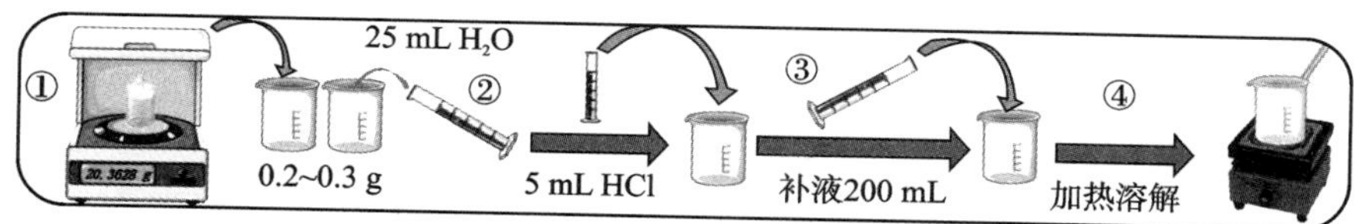

图 6-35　样品称量与加热溶解示意图

(三)晶形沉淀的制备、过滤与洗涤

如图 6-36 所示，晶形沉淀的获取主要涉及沉淀、陈化、过滤与洗涤 4 个方面。

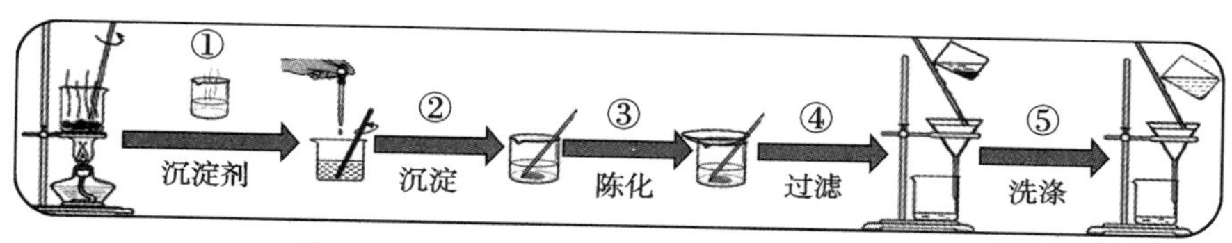

图 6-36　晶形沉淀的制备、过滤与洗涤示意图

1. 晶形沉淀的制备

量取 5～6 mL 10% $BaCl_2$ 沉淀剂，向其中加入蒸馏水稀释至 1 倍，加热至沸腾；边搅拌边逐滴加入热的 $BaCl_2$ 沉淀剂于热的可溶性硫酸盐中；静置，待溶液澄清后，用 $BaCl_2$ 沉淀剂检查沉淀是否完全；沉淀完全后，盖上表面皿，放置过夜陈化。

2. 晶形沉淀的过滤与洗涤

采用慢速滤纸倾泻法过滤晶形沉淀；用热的蒸馏水反复多次洗涤晶形沉淀至无 Cl^-，用 $AgNO_3$ 法检测。

(四)晶形沉淀的烘干灰化、灼烧与称重

如图 6-37 所示，为了获取晶形沉淀的准确称量结果，后续工作主要涉及晶形沉淀的烘干灰化、灼烧与称重 3 个方面。

图 6-37　晶形沉淀的烘干灰化、灼烧与称重示意图

1. 晶形沉淀的烘干灰化

用扁头玻璃棒将滤纸边挑起，向中间折叠将沉淀盖住；用玻璃棒转动滤纸包，擦干漏斗内壁的沉淀；将滤纸包转移至坩埚，尖端朝上倾斜放置。加热沉淀和滤纸包至烘干，进一步灰化滤纸。

2. 晶形沉淀的灼烧与称重

滤纸灰化后，将坩埚移入马弗炉中，800～850 ℃下盖上坩埚盖子（留有空隙）灼烧 40～45 min；将坩埚移至炉口，至红热稍退后，再将坩埚取出放至洁净瓷板上；待坩埚冷却且红热完全褪去，放入干燥器中冷却至室温，称量。进行第二次、第三次灼烧（各 20 min），直至沉淀和坩埚恒重为止。

五、操作注意事项

（1）本次实验为重量分析法的应用性实验，采用的是以沉淀反应为基础的重量分析法。其中待测试样可溶性硫酸盐中 SO_4^{2-} 经沉淀、陈化、过滤、洗涤、烘干、灰化、高温灼烧后，最终以 $BaSO_4$ 形式称重，共计两份。

（2）晶形沉淀形成的条件：遵循“热、稀、慢、搅、陈”原则，即在热的、稀的可溶性盐溶液中，缓慢加入沉淀剂，并且不断搅拌，必要时陈化。

（3）沉淀和坩埚的恒重须经多次反复灼烧。

六、原始数据记录（表 6-9）

表 6-9　实验十五原始数据记录表

实验项目	编　号	
	1	3
倒出前（称量瓶＋试样）的质量 m_1/g		
倒出后（称量瓶＋试样）的质量 m_2/g		
倒出试样的质量 $\Delta m=m_1-m_2$/g		

续表

实验项目	编　号	
	1	3
$BaSO_4$＋坩埚的质量/g	① ②	① ②
坩埚的质量/g	① ②	① ②
滤纸灰分的质量/g		
$BaSO_4$ 的质量/g		
$\omega_{SO_4^{2-}}$/%		
$\omega_{SO_4^{2-}}$ 平均值/%		

七、课堂提问

(1)为什么要在稀 HCl 介质中沉淀 $BaSO_4$？加入太多 HCl 有何影响？

(2)为什么要在热的溶液中沉淀 $BaSO_4$，却要冷却后才能过滤沉淀？晶形沉淀为何需要进一步陈化？

(3)用倾泻法过滤有何优点？

第七章　定量仪器分析

仪器分析方法是建立在物质的物理、物理化学基础上的系列科学研究方法。根据物质的光学、电化学、两相中分配等理化特性，常见的定量仪器分析方法主要包括分子光谱分析法（红外光谱法、紫外光谱法、核磁共振法、质谱法、拉曼光谱法、荧光光谱法）、原子光谱分析法、电化学分析法（电导分析法、库伦分析法、电位分析法、伏安分析法、极谱分析法、电解分析法）、色谱分析法（气相色谱法、液相色谱法、毛细管电泳法）等。

一、波谱分析法

波谱分析法主要是以光学理论为基础，以物质与光相互作用为条件，建立物质分子结构与电磁辐射之间的相互关系，从而进行物质分子的几何异构、立体异构、构象异构和分子结构分析与鉴定的方法。波谱主要包括带状的分子光谱和线状的原子光谱。二者的共同点是，无论原子还是分子的光谱，都是内部运动能级之间跃迁的结果，它们对光谱都没有贡献；区别在于，它们的产生方式不同、作用不同、运动形式不同。

（一）分子光谱

分子光谱是由分子中电子能级、振动和转动能级的变化产生的，表现为带光谱。常见分子光谱的分析方法与设备、缩写、原理、谱图特征及结构信息如表 7-1 所列。

表 7-1　常见分子光谱的分析方法与设备、缩写、原理、谱图特征及结构信息

分析方法与设备	缩写	原理	谱图特征	结构信息
紫外-可见光谱 	UV-Vis	物质中的分子或基团吸收紫外一可见光能量，引起电子间能级跃迁	吸收值随波长的变化 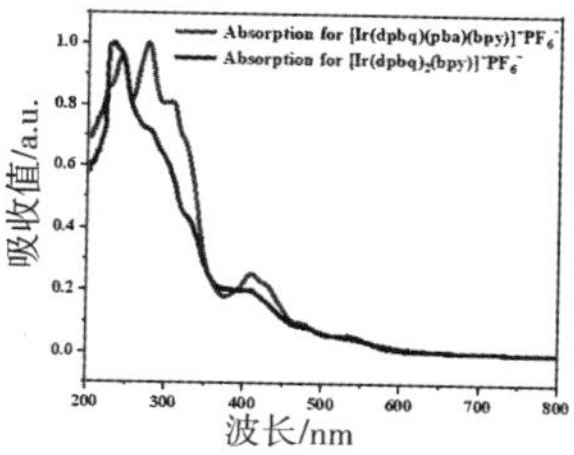	分子中不同电子结构信息
红外光谱 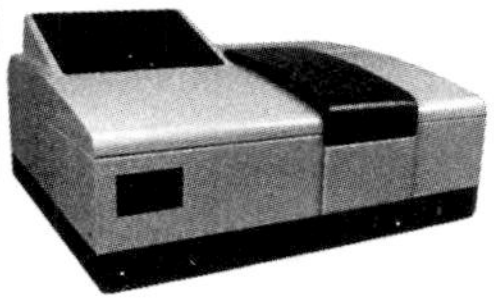	IR	物质中的分子或基团吸收红外光能量，引起分子内部原子间的相对振动和分子转动	吸收值随波长的变化 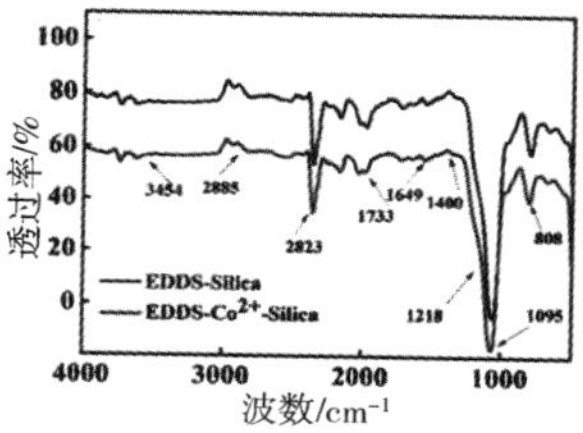	官能团、化学键的特征振动频率
核磁共振 	NMR	具有核磁矩的原子核吸收射频能量，产生核自旋能级的跃迁	射频能量随化学位移的变化 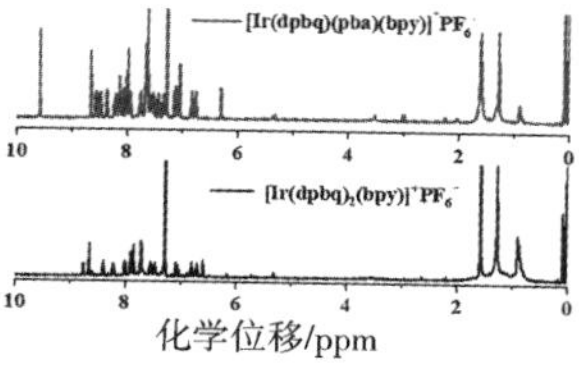	H核与C核的数目、化学环境、连接方式、几何构型
质谱 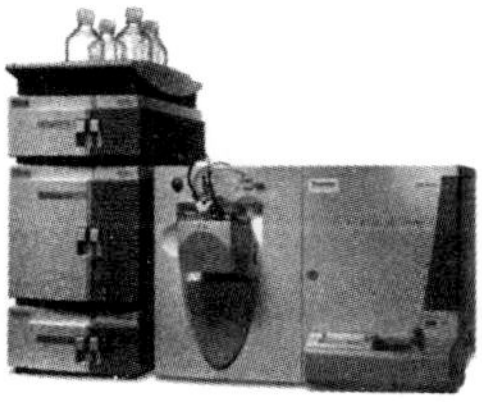	MS	试样在离子源中被电离，形成的离子由质量分析器按照不同的m/z进行分离	离子的相对丰度随m/z的变化 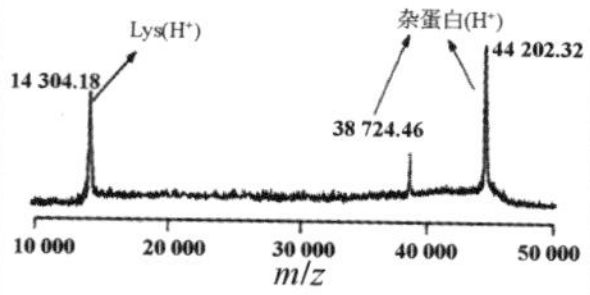	分子量、元素组成及结构

续表

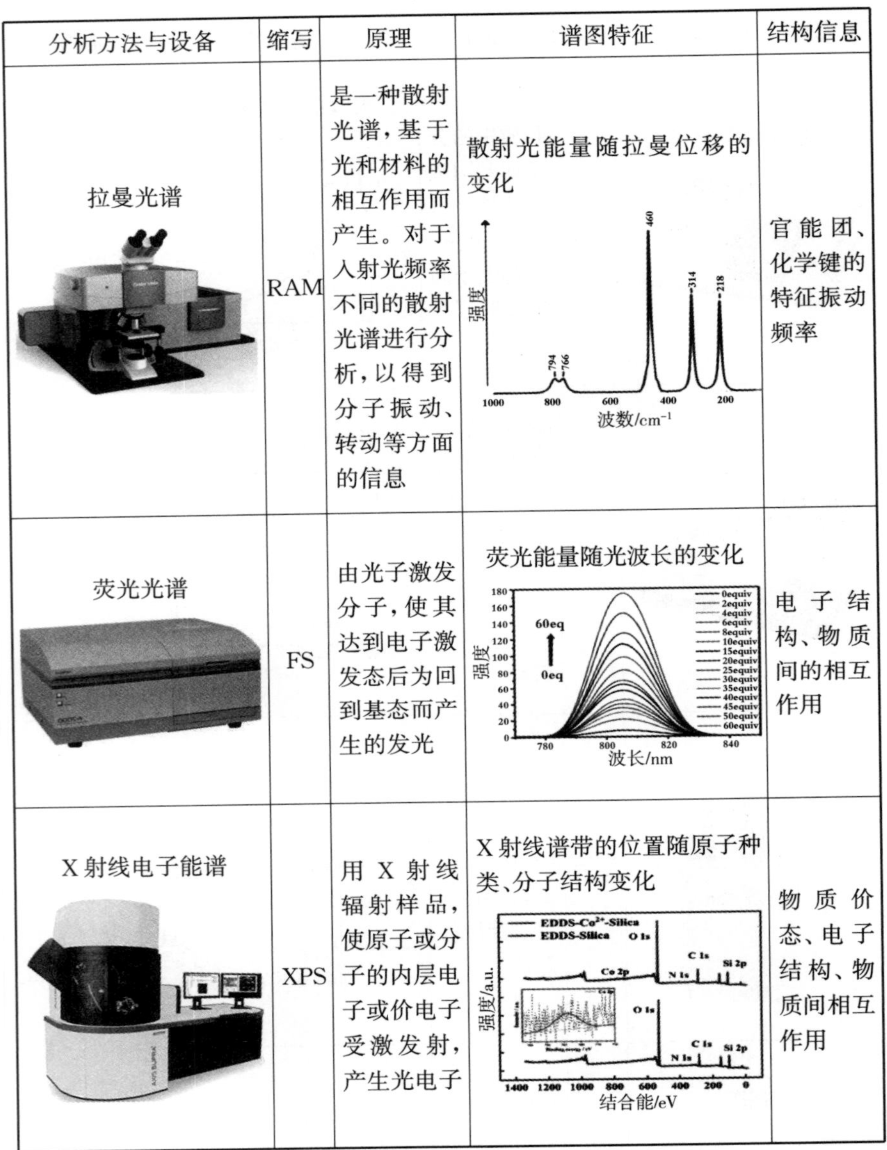

分析方法与设备	缩写	原理	谱图特征	结构信息
拉曼光谱	RAM	是一种散射光谱，基于光和材料的相互作用而产生。对于入射光频率不同的散射光谱进行分析，以得到分子振动、转动等方面的信息	散射光能量随拉曼位移的变化	官能团、化学键的特征振动频率
荧光光谱	FS	由光子激发分子，使其达到电子激发态后为回到基态而产生的发光	荧光能量随光波长的变化	电子结构、物质间的相互作用
X射线电子能谱	XPS	用X射线辐射样品，使原子或分子的内层电子或价电子受激发射，产生光电子	X射线谱带的位置随原子种类、分子结构变化	物质价态、电子结构、物质间相互作用

(二)原子光谱

原子光谱是由原子中的电子在能量变化时所发射或吸收的一系列波长的光所组成的线状光谱。原子吸收光源中部分波长的光形成吸收光谱，为暗淡条纹；发射光子时则形成发射光谱，为明亮彩色条纹。这两种光谱都不是连续的，且吸收光谱的条纹可与发射光谱的条纹一一对应。每一种原子的光谱都不同，即为特征光谱。这些原子光谱的特征反映了原子内部电子运动的规律性。

常见原子光谱的分析方法与设备、缩写、原理、谱图特征及检测对象如表 7-2 所列。

表 7-2　常见原子光谱的分析方法与设备、缩写、原理、谱图特征及检测对象

分析方法与设备	缩写	原理	谱图特征	检测对象
原子吸收光谱 	AAS	基态原子对由光源发出的该原子的特征性窄频辐射所产生的共振吸收	吸收值随波长的变化 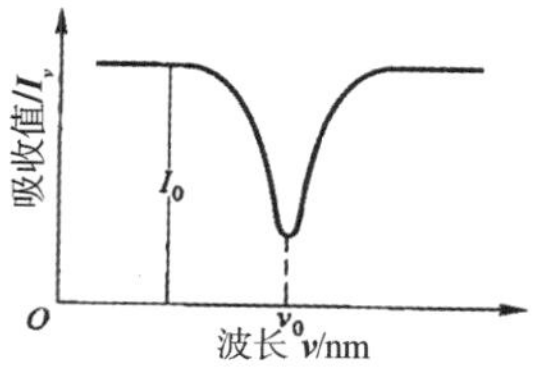	金属元素的定性、定量测定
原子发射光谱 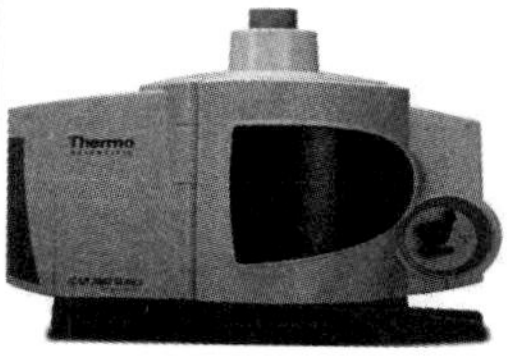	AES	基态原子吸收外界能量跃迁到激发态，再跃回到基态所产生的光谱	谱线的特征频率、特征波长、谱线强度 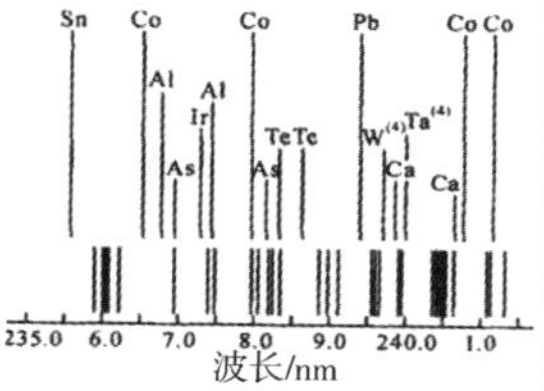	金属元素的定性、定量测定
原子荧光光谱 	AFS	基态原子吸收外界能量跃迁到激发态，再以光辐射的形式发射出特征波长的荧光	荧光能量随光波长的变化 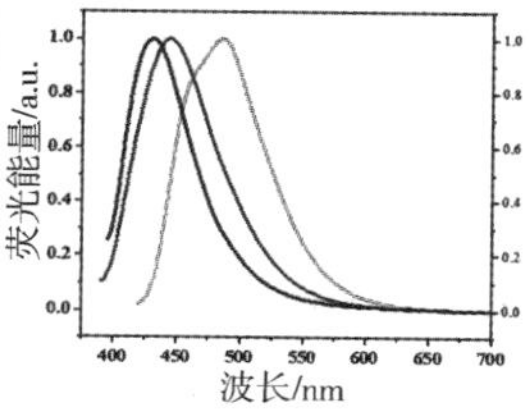	金属元素的定性、定量测定

二、电化学分析法

电化学分析法是依据溶液中物质的电化学性质及其变化规律，通过建立电参数与被测组分间的计量关系，对组分进行定性、定量分析的方法。

(一)直接电位分析法

如图 7-1 所示，直接电位分析法是在电化学装置中，根据特定电参数直接求得待测试样的含量的一种方法。这类方法包括电导分析法、库伦分析法、电位分析法、伏安分析法、极谱分析法等，其测量参数及相关计算公式如表 7-3 所列，其中极谱分析法是伏安分析法中的一种，与其他伏安法的区别仅为其指示/工作电极只能是滴汞电极。

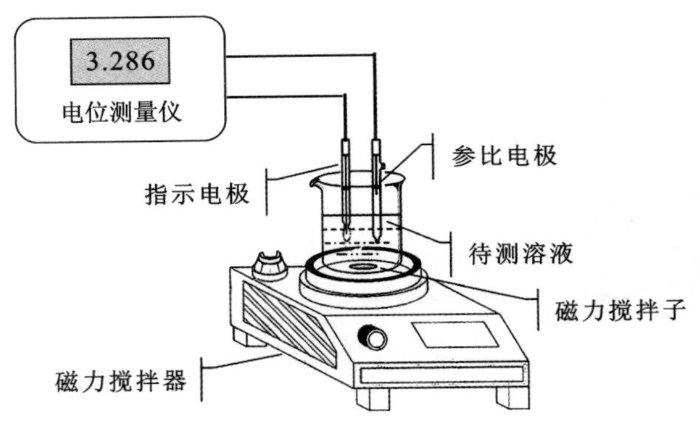

图 7-1　直接电位分析法

表 7-3　直接电位分析法参数表

编　号	分类	测量参数	计算公式
1	电导分析法	电导率—待测物含量	$A_m = A_m^{\infty} - A\sqrt{c}$
2	库伦分析法	电量—待测物含量	$m = \frac{Q}{F} \times \frac{M}{n}$
3	电位分析法	电动势—待测物含量	$E = k' + \frac{0.059}{n} \lg a_i$
4	伏安分析法	电压—电流—待测物含量	$R = U/I$
5	极谱分析法	电压—电流—待测物含量	$R = U/I$

(二)间接电位分析法

如图 7-2 所示，间接电位分析法是以容量分析为基础，通过等当点时电参数的突跃变化指示容量分析终点，根据标准溶液的准确浓度和滴定终点消耗的体积计算出待测物的含量的一种方法。根据滴定测定电参数的不同，间接电位分析法分为电导滴定法、电位滴定法和电流滴定法等，其测量参数及相关计算公式如表 7-4 所列。

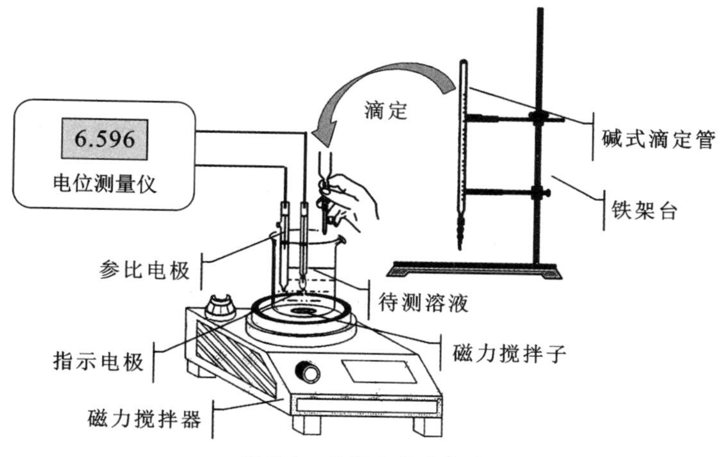

图 7-2　间接电位分析法

表 7-4　间接电位分析法参数表

编号	分类	测量参数	计算公式	测量方法
1	电导滴定法	电导率—待测物含量	$A_m = A_m^{\infty} - A\sqrt{c}$	容量滴定
2	电位滴定法	电动势—待测物含量	$E = k' + \frac{0.059}{n}\lg a_i$	容量滴定
3	电流滴定法	电压—电流—待测物含量	$R = U/I$	容量滴定

(三)电重量分析法——电解分析法

电重量分析法又称电解分析法，如图 7-3 所示，该法是将直流电压施加于电解池的两个电极上，电解池由待测物的溶液和一对电极所构成，待测物质的离子在电极上(阴极或阳极)以固体(金属单质或金属氧化物)形式析出，按照电极增加的质量计算待测物的含量。

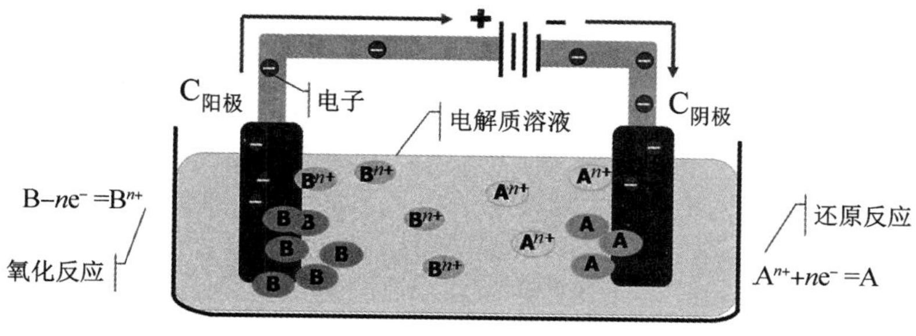

图 7-3　电解分析法

三、色谱分析法

色谱分析法又称色层法或层析法，是一种物理化学的分析方法。该方法中，不同溶质在两相中做相对移动时，利用不同溶质（样品）与固定相和流动相之间的作用力（分配、吸附、离子交换等）的差别，各溶质在两相间进行多次平衡，使各溶质达到相互分离。

与其他仪器分析方法相比，该方法是唯一将分离和定性、定量分析融为一体的分析方法。其特点在于先分离后分析，因而可直接应用于混合物的分离纯化及目标产物的定性、定量分析。该方法的局限性在于需要纯制的标准物，仅适于已知混合物的分离纯化和定性、定量分析。

根据流动相的不同，色谱分析法可大致分为气相色谱法和液相色谱法两大类；根据操作泵压力的大小不同，液相色谱法又可分为常压的半制备色谱法、制备色谱法，以及高压分析级的高效液相色谱法。目前常用的色谱分析方法包括薄层色谱法、气相色谱法和高效液相色谱法等。

常见色谱分析的分析方法与设备、缩写、原理、谱图及任务目的如表7-5所列：

表7-5　常见色谱分析的分析方法与设备、缩写、原理、谱图及任务目的

分析方法与设备	缩写	原理	谱图	任务目的
薄层色谱法	TLC	各成分对同一吸附剂的吸附能力不同，在溶剂流经吸附剂的过程中，连续反复吸附、解吸附，从而达到相互分离的目的	1　2　3　S	混合物的分离与定性、定量检测
气相色谱法	GC	根据混合物中各组分在气体流动相和固定相之间溶解性/吸附性的差异进行组分分离	0.333′；0.810′苯；1.318′甲苯；2.310′乙苯；100；80；60；40；20；0.5；1；1.5；2；2.5；保留时间/min	易挥发性混合物的分离与定性、定量检测

续表

分析方法与设备	缩写	原理	谱图	任务目的
高效液相色谱法 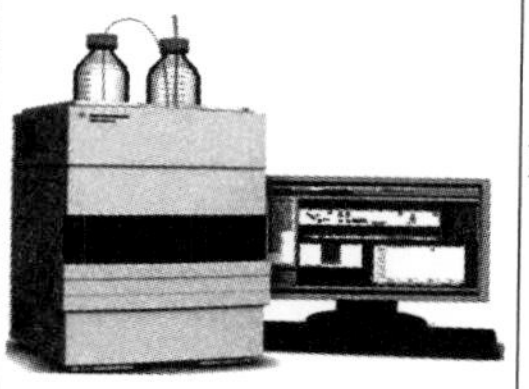	HPLC	根据混合物中各组分在液体流动相和固定相之间溶解性/吸附性的差异进行组分分离	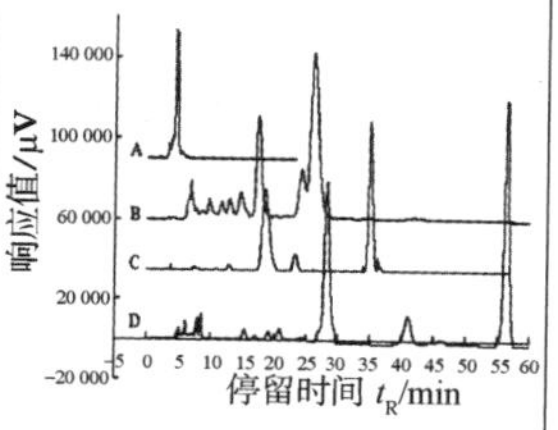 响应值/μV；停留时间 t_R/min	不易挥发性混合物的分离与定性、定量检测

第八章　分析化学实验实操(二)
——仪器分析实验

实验十六　邻二氮杂菲分光光度法测定铁

一、实验目的

(1)了解 752 型紫外可见分光光度计的构造和使用方法。

(2)掌握邻二氮杂菲分光光度法测定铁的方法。

二、原理

(一)分光光度计光学系统

如图 8-1 所示,分光光度计主要由光源(1)、单色器(5)、样品池(9)、光电转换系统(10～12)及相关辅助光学元件(2～4、6～8)构成。分光光

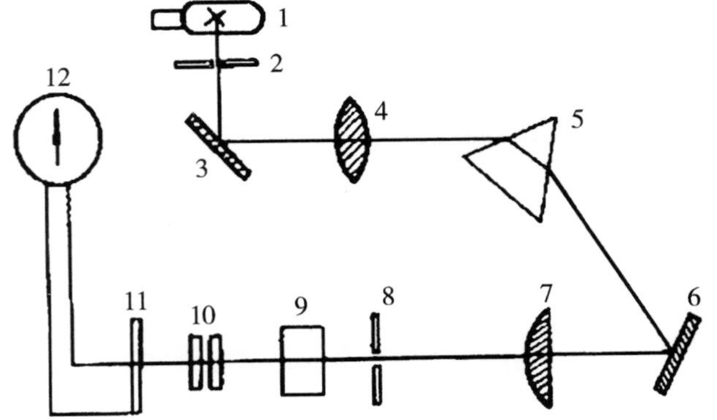

1—光源;2—进光狭缝;3,6—反射镜;4,7—透镜;5—棱镜;8—出光狭缝;9—比色皿;10—光电调节器;11—硒光电池;12—检流计。

图 8-1　分光光度计光学系统

度计的原理主要基于光谱学原理和朗伯一比尔定律(Lambert-Beer Law)。利用光谱学原理,通过一系列光学元件的作用,可以将复杂的光分解为不同波长的单色光,这些特定波长的光源随后穿过待测样品。朗伯一比尔定律是分光光度计定量分析的基础。该定律表明,当一束单色光通过均匀的非散射介质时,其吸光度 A 与介质中吸光物质的浓度 c 及样品池的厚度 b 成正比。

(二)分光光度法及其测量的条件

分光光度法主要利用物质对光的选择性吸收,按照郎伯一比尔定律,在一定的线性范围内找出吸光度 A 与物质含量 c 之间的定量关系。这种定量关系主要受显色条件和测量吸光度条件的影响,其中显色条件主要与显色剂的用量、介质的酸度、显色温度、显色时间以及干扰离子的消除等有关,测量吸光度的条件与入射波长 λ、吸光度范围及参比溶液等有关。

(三)邻二氮杂菲一亚铁配合物

在显色前,首先用盐酸羟胺把 Fe^{3+} 还原为 Fe^{2+},其反应式如下:

$$2Fe^{3+}+2NH_2OH \cdot HCl \rightarrow 2Fe^{2+}+N_2+2H_2O+4H^{+}+2Cl^{-}$$

在 pH=2~9 的条件下,Fe^{2+} 与邻二氮杂菲生成极稳定的橘红色配合物,其反应式如下:

$$3\,\text{phen} + Fe^{2+} \longrightarrow [Fe(\text{phen})_3]^{2+}$$

该橘红色配合物的 $\lg K_{稳}=21.3$,摩尔吸光系数 $\varepsilon_{510}=1.1\times10^{4}$。

测定时,溶液的酸度控制在 pH=5.0,以避免酸度过高导致反应速度过慢、酸度过低时 Fe^{2+} 水解而影响显色。此外,若溶液中存在着可与显色剂生成沉淀(Bi^{3+}、Cd^{2+}、Hg^{2+}、Ag^{+}、Zn^{2+})或有色配合物(Ca^{2+}、Cu^{2+}、Ni^{2+})的离子时,应注意它们的干扰作用。

三、752 型紫外可见分光光度计的使用

图 8-2 给出了分光光度计装置与操作要领,具体操作步骤如下:

（1）打开电源开关，使仪器预热 20 min。

（2）按方式键“MODE”将测试方式设置为吸光度方式。

（3）按波长设置键“p，σ”设置成想用的分析波长。

（4）打开样品室盖，将盛有参比溶液和被测溶液的比色皿（厚度为 1.0 cm）分别插入比色槽中，盖上样品室盖。

（5）将参比溶液推入光路中，按“100%T”键调零吸光度 A。

（6）将被测溶液推入光路中，检测被测样品的吸光度 A。

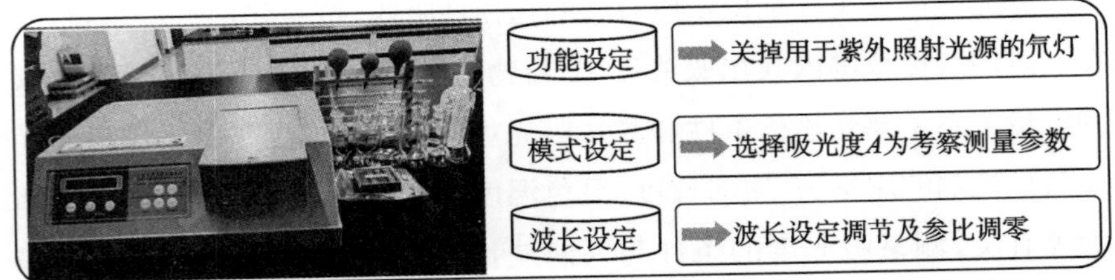

图 8-2　分光光度计装置与操作要领

四、实验内容

（一）Fe^{2+}—邻二氮杂菲有色溶液的配制

如图 8-3 所示，取 7 只 50.0 mL 容量瓶，分别用移液管或吸量管准确移取 0.00 mL、2.00 mL、4.00 mL、6.00 mL、8.00 mL、10.00 mL 10 μg/mL Fe^{3+} 标准溶液和 5.00 mL 未知液于 7 只容量瓶中，再向其中各加 1.00 mL 10%盐酸羟胺（$NH_2OH \cdot HCl$），摇匀；2 min 后，各加 5.00 mL 1 mol/L NaAc—HAc 缓冲溶液及 3.00 mL 0.1%邻二氮杂菲，以蒸馏水稀释至刻度，摇匀待用。

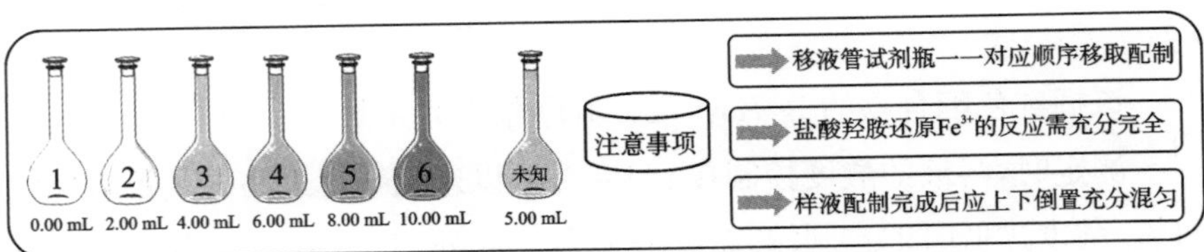

图 8-3　Fe^{2+}—邻二氮杂菲有色溶液的配制

（二）定性实验——Fe^{2+}—邻二氮杂菲吸收曲线的测绘

采用 752 型紫外可见分光光度计，按照图 8-4 所示，选取上述高浓度标准溶液为待测液，以蒸馏水为参比溶液，在 430～570 nm 的波长范围内，每隔 10 nm 或 20 nm 测定一次吸光度（其中从 530～490 nm，每隔

10 nm 测一次；其余波段则为 20 nm)。以波长 λ 为横坐标、吸光度 A 为纵坐标绘制吸收曲线，从吸收曲线上确定该测定的适宜波长 λ_{max}。

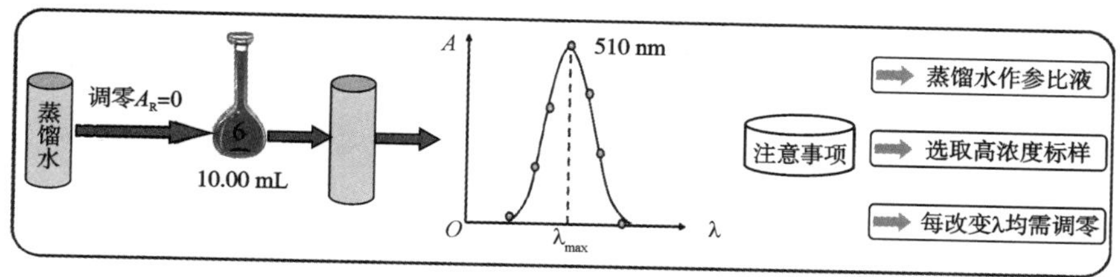

图 8-4　Fe^{2+}—邻二氮杂菲吸收曲线的测绘

(三)定量实验——Fe^{2+}—邻二氮杂菲工作曲线的测绘及未知样含量的求取

如图 8-5 所示，以 λ_{max} 作为检测波长，测定上述各标准液的吸光度 A。以铁含量 c 为横坐标、吸光度 A 为纵坐标，绘制标准曲线。通过未知液吸光度的实测值，在标准曲线上求取 5.00 mL 未知液中的铁含量(μg/mL)。

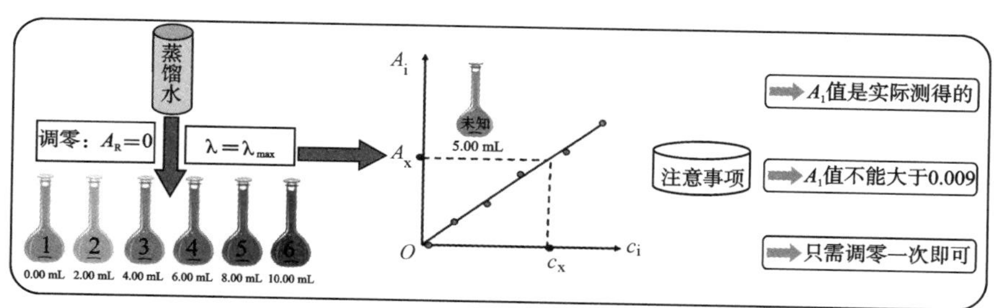

图 8-5　Fe^{2+}—邻二氮杂菲工作曲线的测绘及未知样含量的求取

五、操作注意事项

(1)本次实验为仪器分析法中分子光谱分析——可见分光光度法的应用性实验。实验涉及一个定性、两个定量的研究，即吸收曲线的定性研究，以及工作曲线和未知样含量的定量研究。

(2)配制标准溶液及未知溶液时，每个人负责用指定移液管或吸量管移取同一类试剂；标准 Fe^{3+} 溶液的移取应按照 Fe^{3+} 体积由小到大的顺序移取。

(3)吸收曲线测量所得的特征波长 λ_{max} 虽然与 Fe^{3+} 标准溶液的浓度无关，但尽量选择浓度偏大的标准样测定。绘制吸收曲线时，每改变一次波长均需用参比溶液重新调零。

(4)绘制工作曲线时，因入射光波长固定，故只需用参比溶液调零一次即可。空白试液的吸光度是实测的，且大小不应超过±0.009 mAu。测量工作曲线时，为避免不必要的润洗，测量浓度应由低到高。最终，所得工作曲线的回归系数应满足 $R^2 \geqslant 98\%$。

六、原始数据记录

比色皿：＿＿＿＿＿＿　　光源电压：＿＿＿＿＿＿

(一)吸收曲线的测绘(表 8-1)

表 8-1　吸收曲线的测绘记录表

波长 λ/nm	吸光度 A/mAu
570	
550	
530	
520	
510	
500	
490	
470	
450	
430	

(二)标准曲线的测绘与铁含量的测定(表 8-2)

表 8-2　标准曲线的测绘与铁含量的测定记录表

试液编号	标准溶液的量 V/mL	总铁含量 c/μg	吸光度 A/mAu
1	0.0	0	
2	2.0	20	
3	4.0	40	
4	6.0	60	
5	8.0	80	
6	10.0	100	
未知液			

七、课堂提问

(1)邻二氮杂菲分光光度法测定铁的原理是什么？反应的 pH 条件是什么？如何控制溶液的酸度？加 $NH_2OH \cdot HCl$ 的目的是什么？

(2)为什么要绘制吸收曲线？为什么吸光度要在最大吸收波长下测定？每改变一次波长 λ 是否用参比液重新进行调零？

(3)为什么要绘制标准曲线？如何绘制标准曲线？是否每测一点必须用参比液进行调零？

实验十七　醋酸的电位滴定(间接电位法)

一、实验目的

(1)掌握用酸碱电位滴定法测定醋酸浓度的原理和方法。

(2)学会用二阶微商法计算终点体积($V_{终点}$)的方法。

(3)学会用电位滴定法测定和计算 HAc 电离常数的原理和方法。

二、实验原理

(一)电位滴定仪装置

如图 8-6 所示，电位滴定仪装置主要由电位计滴定管(1)、磁力搅拌系统(2、7)、滴定系统(3、5)及参比电极(4、6)四部分构成。电位滴定仪的原理主要基于电位测量的方法，通过测量反应溶液中电位的变化来确定滴定过程中滴定剂的添加量，从而确定待测溶液中所含物质的浓度。

常用的电极包括指示电极和参比电极，指示电极感应溶液中所含物质的变化，参比电极则提供一个稳定的参考电位。通过比较两者的电位差，可以反映出溶液中待测物质的浓度变化。在滴定过程中，待测溶液与滴定剂发生化学反应，导致溶液中所含物质的浓度发生变化。当滴定剂与待测溶液中的物质反应完全时，反应溶液的电位会发生明显变化，即电位突跃。这个电位突跃被用来指示滴定终点的到达。

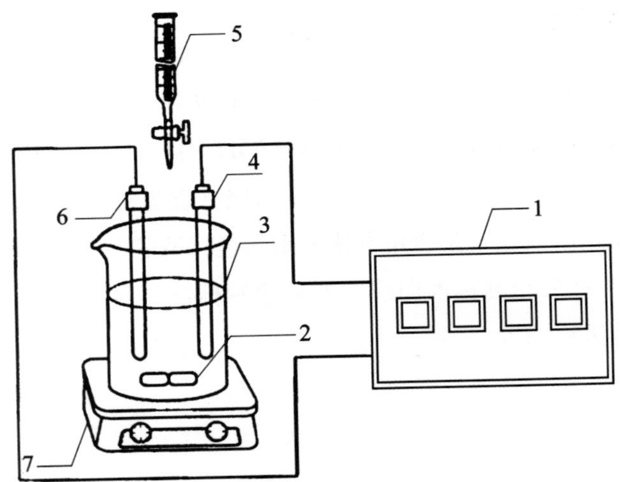

1—电位计滴定管；2—磁力搅拌棒；3—滴定池；4—参比电极；
5—滴定管；6—指示电极；7—电磁搅拌器。

图 8-6 电位滴定仪装置示意图

(二)二阶微商法计算终点体积($V_{终点}$)

在酸碱滴定的过程中，随着滴定剂的不断加入，被测物与滴定剂发生酸碱中和反应，溶液的 pH 值不断变化。根据加入滴定剂的体积 V 和测得的 pH 值，可绘制 $\Delta^2 pH/\Delta V^2$-V 滴定曲线。根据等当点时二阶微商值等于零，可计算出滴定终点时所消耗的 $V_{终点}$。

(三)HAc 电离常数 K_a 的测定

醋酸在水溶液中的电离如下：

$$HAc \Leftrightarrow H^+ + Ac^-$$

其电离常数(式(8-1))：

$$K_a = \frac{[H^+]\cdot[Ac^-]}{[HAc]} \tag{8-1}$$

当醋酸被 NaOH 滴定至一半时，溶液中

$$[Ac^-]=[HAc] \tag{8-2}$$

根据式(8-2)，此时$[H^+]=K_a$ 或 $pH=pK_a$。由此可知，醋酸的电离常数 K_a 的负对数值就等于 NaOH 滴定一半时所对应的 pH 值。

三、PHS-3C 型酸度计的使用

图 8-7 给出了酸度计装置与操作要领，具体操作步骤如下：

(1)在蒸馏水中过夜浸泡复合式玻璃电极，使电极活化。

(2)安装电极，开机自检完成后，选择测量参数为 pH，并调节零点。

(3)用邻苯二甲酸氢甲标准缓冲溶液(pH＝4.00)校准酸度计。

(4)用蒸馏水洗净电极。

(5)将复合式玻璃电极插入待测溶液中，测量待测溶液的 pH 值。

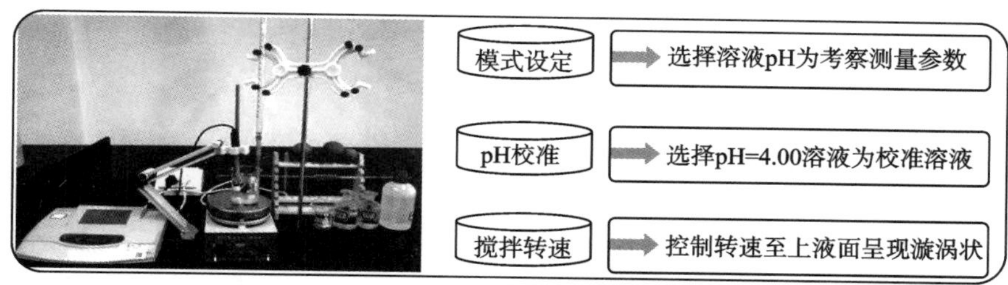

图 8-7　酸度计装置与操作要领

四、实验内容

(一)酸度计的校准

将电极和烧杯用蒸馏水冲洗干净，用 pH＝4.00 的标准缓冲溶液淌洗电极 1～2 次，电极用滤纸吸干；用标准缓冲溶液进一步校正酸度计，标准缓冲溶液用完后，倒回原试剂瓶，反复使用。

(二)HAc 电位滴定过程中溶液 pH 值的测定

准确吸取 20 mL 0.1 mol/L HAc 溶液于 150 mL 烧杯中，用蒸馏水稀释至约 100 mL，放入电极及磁力搅拌棒，开动电磁搅拌器，用 0.1 mol/L NaOH 标准溶液按照设定体积滴入烧杯中，记录加入的 NaOH 溶液的体积(V_{NaOH})和相对应的溶液的 pH 值。上述滴定实验做 1 次。

(三)定量计算

1. 滴定终点时消耗的 $V_{终点}$

如图 8-8 所示，滴定终点时消耗的 $V_{终点}$ 按照二阶微商法进行求取(式(8-3))。

$$V_{终点}=V_1+\frac{V_2-V_1}{\left(\frac{\Delta pH}{\Delta V}\right)_1-\left(\frac{\Delta pH}{\Delta V}\right)_2}\times\left[\left(\frac{\Delta pH}{\Delta V}\right)_1-\left(\frac{\Delta pH}{\Delta V}\right)_{终点}\right]\text{(内插法)}\tag{8-3}$$

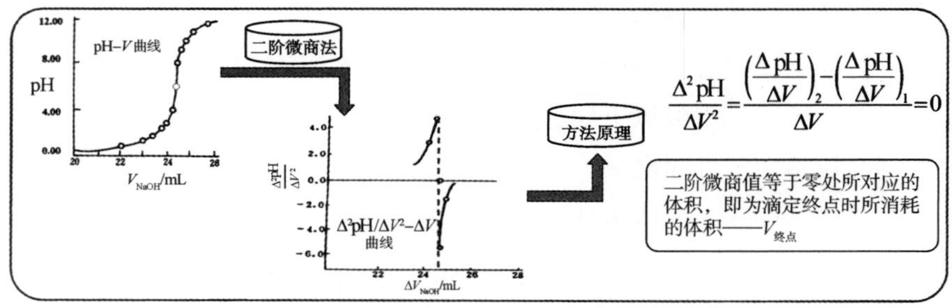

图 8-8 $V_{终点}$的求取——二阶微商法

2. HAc 的准确浓度(c_{HAc})与 HAc 的 pK_a 值($\frac{1}{2}V_{终点}$时对应的 pH 值)

如图 8-9 所示，c_{HAc} 与 pK_a 值按照公式(8-4)、(8-5)分别求取。

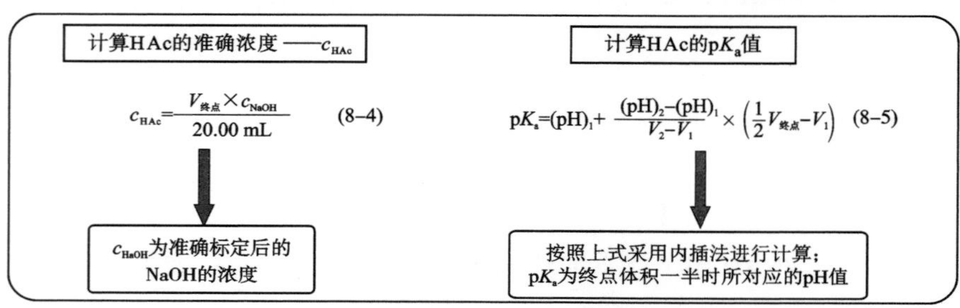

图 8-9 c_{HAc} 与 pK_a 值的求取

五、操作注意事项

(1)本次实验为仪器分析法中电化学分析——间接电位分析法的应用性实验。实验将电化学分析法与滴定分析法相结合，涉及 HAc 的准确浓度(c_{HAc})与 HAc 的 pK_a 值的定量测定。

(2)搅拌过程中需注意：烧杯应放到磁力搅拌器的中心，以确保搅拌棒旋转时不会碰到烧杯壁；搅拌速度适中，调制上液面呈漩涡状即可，搅拌速度过小则试液混合不均，过大则易在电极表面产生气泡，影响响应值的稳定性；电极应靠着烧杯一侧，放至液面下 1 cm 处；滴定时，滴定管的滴头应靠近烧杯另一侧，放至烧杯上沿向下 1.5 cm 处。

(3)电极、磁力搅拌器装置和滴定管一旦安置就绪，就无须再动，只需往烧杯中滴加已知准确浓度的标准碱液(实验室老师已配好，需记录下来已知的准确浓度，以便后续准确计算)即可。按照预设体积加入 NaOH 溶液，接近 pH 突跃前，应用洗瓶吹洗烧杯壁和滴定管管尖。

六、原始数据记录及分析(表 8-3)

表 8-3　实验十七原始数据记录及分析表

V_{NaOH}/mL	pH	$\Delta pH/\Delta V$	$\Delta^2 pH/\Delta V^2$

七、课堂提问

(1)二阶微商法确定滴定终点的原理是什么?

(2)为什么邻苯二甲酸氢甲溶液也可作为缓冲溶液?

实验十八　水中微量氟浓度的测定(离子选择电极法)

一、实验目的

(1)了解用 F^- 选择电极测定水中微量 F^- 的原理与方法。

(2)了解总离子强度调节缓冲溶液的意义和作用。

(3)掌握标准加入法测定水中微量 F^- 浓度的方法。

二、实验原理

(一)水中微量 F^- 的测定——离子选择电极法

离子选择电极法是一种高效且准确地测量水中氟含量的方法。如图 8-10 所示,它利用氟离子选择电极对水样中的 F^- 进行选择性响应,通过测量电极的电位变化来确定 F^- 的浓度(式(8-6))。该方法具有操作简便、快速、准确度高、响应时间短等优点，适用于各种不同类型的水样监测。

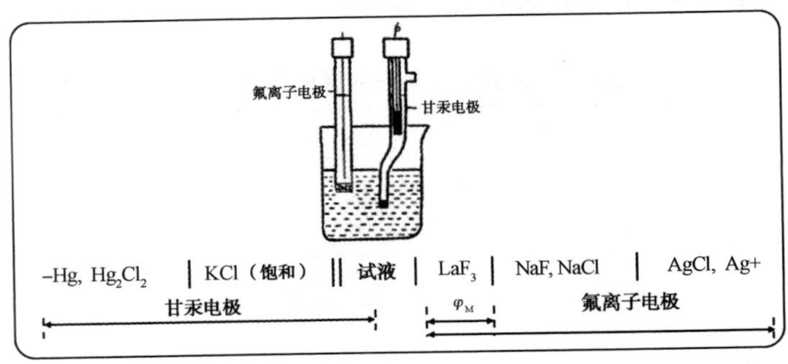

图 8-10　水中微量 F^- 测定的电极组成

$$E=\varphi_{氟}-\varphi_{甘}=(\varphi_{AgCl/Ag}+\varphi_M)=\varphi_{Hg_2Cl_2/Hg} \tag{8-6}$$

在离子选择电极法中，通常使用氟化镧（LaF_3）单晶作为感应膜材料，制成氟离子选择电极。该电极在适当的 pH 值范围内（如 pH＝5.5～6.5）对 F^- 具有高度的选择性。测量时，将氟离子选择电极与参比电极（如饱和甘汞电极）插入待测水样中，通过电位计或离子计测量电极的电位差，进而计算出 F^- 的浓度。

(二)氟离子电极的构造与工作原理

氟离子电极（LaF_3 单晶敏感膜电极，内装 0.1 mol/L NaCl－NaF 内参比溶液和 Ag－AgCl 内参比电极）是一种电化学传感器，它将溶液中 F^- 的离子活度转换成相应的电位。当氟离子电极插入溶液中时，其敏感膜对 F^- 产生响应，在膜和溶液间产生一定的膜电位（式(8-7)）：

$$\varphi_{膜}=K-\frac{2.303RT}{F}\lg a_{F^-} \tag{8-7}$$

当氟离子电极（指示电极）与饱和甘汞电极（参比电极）插入被测溶液中组成原电池时，电池的电动势 E 与 F^- 的离子活度的关系如式(8-8)所示：

$$E=K'-\frac{2.303RT}{F}\lg a_{F^-} \tag{8-8}$$

当加入 TISAB（总离子强度调节缓冲溶液）时，由于离子活度系数 γ 为一定值，因此电池的电动势 E 与 F^- 浓度的关系如式(8-9)所示：

$$E=K''-\frac{2.303RT}{F}\lg c_{F^-} \tag{8-9}$$

(三)标准加入法

当试液为离子强度比较大的金属离子溶液且溶液中存在络合剂时,若要测定金属离子的总浓度(包括游离的和络合的),则应采用标准加入法。该法是在原待测试样(待测离子总浓度为 c_x,体积为 V_0)中加入少量(体积 V_s 约为原试液体积的 1/100)高浓度(c_s 约为 c_x 的 100 倍)的待测离子的标准溶液,根据加入标准溶液后试样浓度的增加量 Δc,以及标准溶液加入前后电动势的差值 ΔE,推算出待测金属离子的总浓度 c_x。该法的优点是仅需一种标准溶液,操作简单快速,适用于组成比较复杂、份数较少的试样。

三、PHS-3E 型毫伏计的使用

图 8-11 给出了毫伏计装置与操作要领,具体操作步骤如下:

(1)在蒸馏水中过夜浸泡氟电极,使其活化。

(2)开机自检完成后,选择测量参数为 mV,用蒸馏水洗到空白电位(E_0)为 300 mV 左右。

(3)将氟离子电极和甘汞电极插入待测溶液中,测量溶液的 E 值。

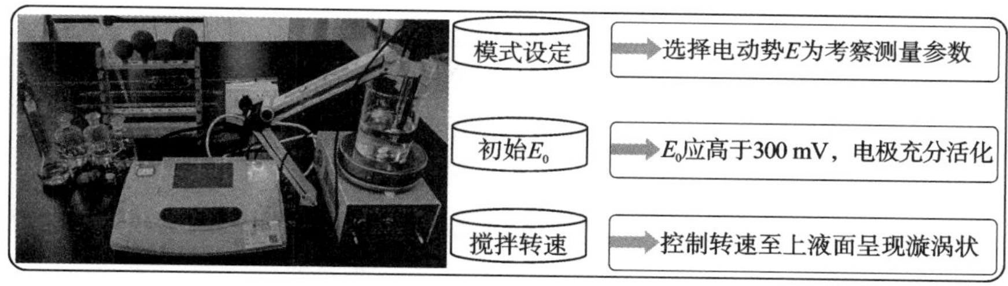

图 8-11 毫伏计装置与操作要领

四、实验内容

(一)标准加入法测定水中微量 F^- 的浓度

图 8-12 给出了标准加入法测定水中微量 F^- 浓度的过程,具体操作步骤如下:

(1)准确吸取 50 mL F^- 试液于 100 mL 容量瓶中,向其中加入 10 mL TISAB 溶液,用蒸馏水稀释至刻度,摇匀,吸取 50 mL 于烧杯中,测定 E_1。

(2)在上述试液中准确加入 0.5 mL(V_s)浓度约为 10^{-2} mol/L(c_s)的 F^- 标准溶液,混匀,继续测定 E_2。

(3)在测定过 E_2 的试液中,加 5 mL TISAB 溶液及 45 mL 蒸馏水,混匀,测定 E_3。

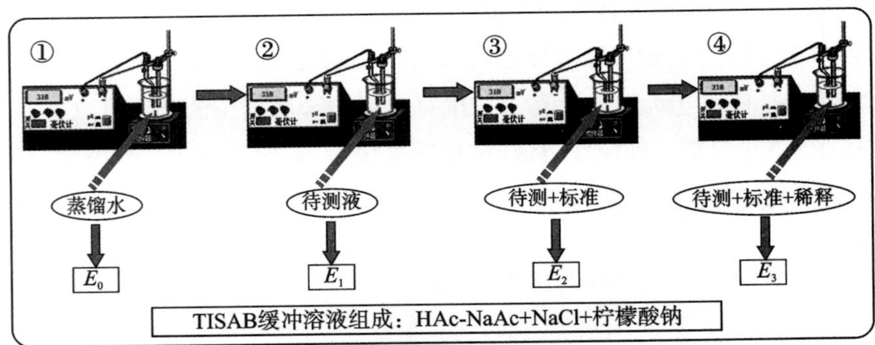

图 8-12　标准加入法测定水中微量 F^- 的浓度

(二)计算水中微量 F^- 的浓度(c_x)

如图 8-13 所示,采用标准加入法,按照图中所给公式(8-10)、(8-11)、(8-12)计算水中微量 F^- 的 c_x 值。

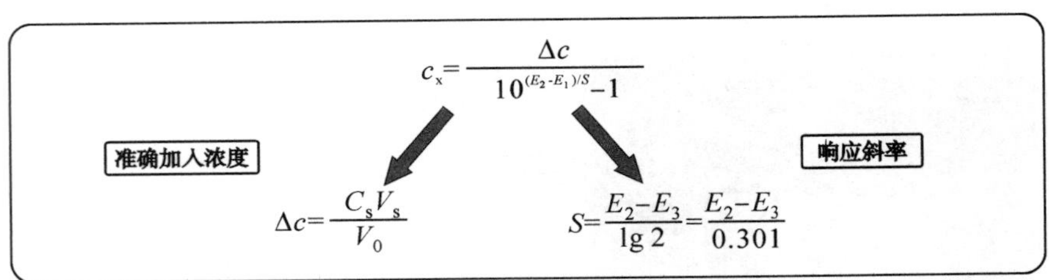

图 8-13　水中微量 F^- 浓度 c_x 的计算

五、操作注意事项

(1)本次实验为仪器分析法中电化学分析——直接电位分析法的应用性实验。实验采用氟离子电极,通过多步骤 E_1、E_2、E_3 的测定,推算出水中微量 F^- 的浓度。

(2)在搅拌过程中,烧杯应放到磁力搅拌器的中心,以确保搅拌棒旋转时不会碰到烧杯壁;搅拌速度适中,调制上液面呈漩涡状即可,过小则试液混合不均,过大则易在电极表面产生气泡,影响响应值的稳定性;电极应靠着烧杯一侧,放至液面下 1 cm 处。

(3)电极、磁力搅拌器装置一旦安置就绪,就无须再动,只需往烧杯中加入相应的试液。

(4)E_0 为氟离子电极的活化程度指标,通常应大于 300 mV,并记录下该具体数值;第二遍实验开始前,也应将电极洗到该数值附近。

六、原始数据记录及分析(表 8-4)

表 8-4　实验十八原始数据记录及分析表

参　数	编　号	
	1	2
E_0/mV		
E_1/mV		
E_2/mV		
E_3/mV		
$\Delta c/(\mathrm{mol \cdot L^{-1}})$		
S/mV		

七、课堂提问

(1)用氟离子电极测定 F^- 浓度的原理是什么?

(2)TIASB 包含哪些组分? 各组分的作用是什么?

(3)标准加入法测定水中微量 F^- 含量的原理是什么?

实验十九　苯系物的分析(定性与定量)

一、实验目的

(1)掌握 SP-2100 型气相色谱仪的操作方法和苯系物的分析方法。

(2)掌握用保留值定性的方法。

(3)学习色谱校正因子的测定。

(4)学习使用面积归一化法计算各组分的含量。

二、实验原理

(一)苯系物的分析——气相色谱仪

气相色谱仪是一种基于色谱分离和检测技术，对多组分的复杂混合物进行定性和定量分析的仪器。如图 8-14 所示，气相色谱仪一般由气路系统(1～6)、进样系统(7)、分离系统(8)、检测及温控系统(9～10)、记录系统(11)组成。当样品由进样器注入后，被载气携带进入色谱柱，由于各组分在色谱柱中的气相和固定相间的分配系数存在差异，因此各组分在柱中得到分离。分离后的各组分依次进入检测器，检测器将各组分的浓度或质量转变成电信号，经放大后记录和显示，最终得到色谱图，从而实现对样品的定性和定量分析。气相色谱仪可用于苯系物的分离与检测。

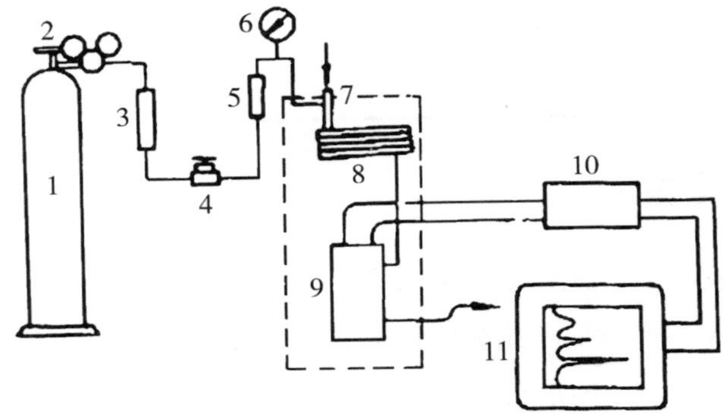

1—载气钢瓶；2—减压阀；3—净化干燥器；4—针形阀；5—流量计；6—压力表；7—进样器 & 气化室；8—色谱柱；9—检测器；10—放大器；11—记录仪。

图 8-14 气相色谱仪流程图

(二)气相色谱定性、定量原理(面积归一化法)

1. 定性原理

气相色谱法是利用物质在气固或气液两相中的分配系数差异进行分离的分析方法。按照同一物质在相同色谱条件下的保留时间(t_R)一致，进行气相色谱的定性分析。

2. 定量原理

确定各组分百分含量的方法，称为气相色谱的定量。根据样品的洗脱情况不同，通常的定量方法分为内标法、外标法和面积归一化法 3 种。

当混合样中所有组分均被洗脱时，可用面积归一化法计算各组分的含量，其计算公式如式(8-13)所示：

$$\%c=\frac{m_i}{m_1+m_2+m_3+m_4+\cdots+m_i}\times 100=\frac{f'_iA_i}{\sum\limits_{i=1}^{n}f'_iA_i}\times 100 \tag{8-13}$$

式中，f'_i 为相对校正因子，其大小等于某物质的绝对校正因子与标准物质的绝对校正因子的比值(式(8-14))：

$$f'_i=\frac{f_i}{f_s}=\frac{A_sm_i}{A_sm_i} \tag{8-14}$$

(三)苯系物

苯系物指苯、甲苯、乙苯的混合物。本实验使用有机皂土配入适量的邻苯二甲酸二壬酯作固定液，氢气作载气，在适当的色谱条件下(柱温、进样器温度、检测器温度、热丝温度、桥电流、载气流速等)，能将各组分分开，其色谱图如图 8-15 所示。

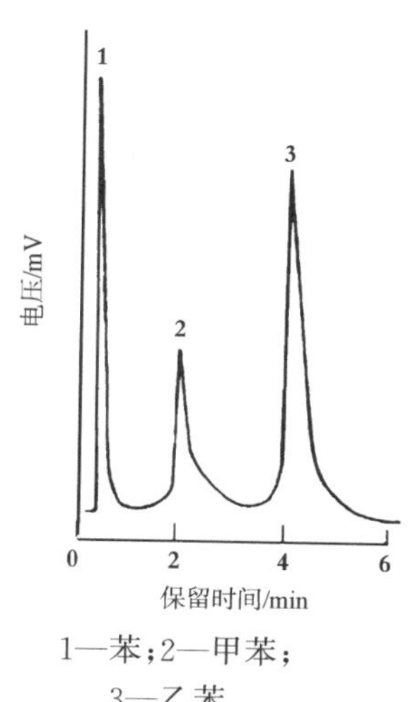

1—苯；2—甲苯；3—乙苯。

图 8-15　苯系物色谱图

三、SP-2100 型气相色谱仪的操作

图 8-16 和表 8-5 分别给出了气相色谱装置与操作要领，以及色谱仪的操作条件，具体操作步骤与细节如下。

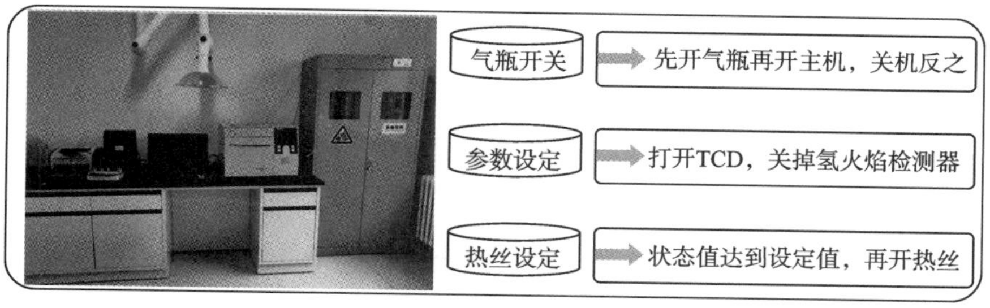

图 8-16　气相色谱装置与操作要领

表 8-5　气相色谱仪的操作条件

参　数		TCD 检测器
柱箱温度/℃		110
进样器温度/℃		150
TCD 检测器温度/℃		130
热丝温度/℃		160
桥电流/mA		160～170
放大		1
极性		负
载气(H_2/N_2)流速/($mL \cdot min^{-1}$)		50
进样量/μL	单纯品	0.5
	混合样	1.0
满屏时间/min		8
满屏量程/mA		80

(一)仪器的操作及参数的设定

1. 通载气

打开气瓶(H_2/N_2)总阀,输出压力调为 0.4 MPa,调节仪器气路箱板面的两路载气稳压阀,以获得 TCD 检测器的流量。

2. 通电

打开电源开关。

3. 设定仪器的工作参数

按照表 8-5 设定参数:①用"◀▶"键控制光标位置的移动,用"▲▼"键控制数值的增减和界面的退出;②通道切换选"TCD";③当状态值达到设定参数值后,将热丝温度设定为"开",直至桥电流稳定。关闭主机前,应先将 TCD 的热丝温度设定为"关"。

4. 稳定仪器

先调零点平衡粗调(调节气路板面后方的多圈电位器),将输出调在±100 mV 以内。检测器达到热平衡后,再按面板上的"调零"按键将基线调零。

(二)进样

当基线足够稳定时,即可进样分析。

(1)用蒸馏水彻底清洗 10 μL 微量进样器。

(2)用几微升样品溶剂润洗进样器 2～3 次。

(3)用进样器从样品容器中慢慢抽出几微升样品，取出进样器，将进样器的推杆推至 1 μL 刻度处(注意将气泡排出)。

(4)将进样器的针头全部插入进样口中，迅速进样并拔出进样器，同时按下数据处理装置的“启动”按钮，开始采集并显示谱图。

(三)谱图的采集及数据处理

(1)前三针纯品单样的进样，可定性得出峰顺序。

(2)第四针标品混合物的进样是为求相对校正因子：进样(采集数据)，终止采集(采集数据均不保留)，打开“定量组分表”，鼠标点击“套峰时间”，鼠标指向色谱峰顶，点击右键，选择“自动套峰时间”，依次将 3 个峰的时间套入表格；根据前三针的出峰顺序，在“组分名称”处依次填上“苯”“甲苯”“乙苯”；在“组分浓度”处填上标品混合物的准确浓度(g)；在“定量方法表”中选择“相对校正因子”，点击“■”，打开“定量组分表”，可以看到计算后得到的“相对校正因子”。

(3)进第五针未知混合样，峰出完后终止采集，在“定量方法表”中选择“校正归一”，点击“■”，打开“定量结果表”，可以看到计算后得到的组分浓度(%)；打开“分析报告”，填写相关实验条件和实验者姓名，点击“■”，得到色谱分析报告；在“文件”中选择“打印”，填写所需打印的份数，点击“确定”。

(四)仪器的关闭

(1)将 TCD 热导检测器的热丝温度设定为关闭。

(2)关闭仪器的总电源，并从电源插座上拔下仪器的电源电缆插头。

(3)关闭载气气瓶总阀，当总阀的气体压力降为零时，再打开减压阀将余气排净，至减压阀的压力表显示为零为止。

四、实验内容

(一)苯系物的定性分析

如图 8-17 所示，根据保留时间 t_R 值，用苯、甲苯和乙苯的单样标准液定性混合液中 3 个组分的流出顺序。

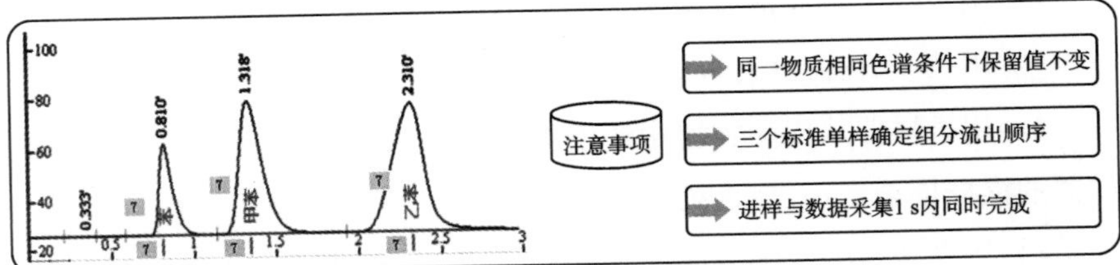

图 8-17　苯系物的定性分析

(二)苯系物的定量分析

如图 8-18 所示，采用面积归一化法计算各组分的含量。

(1)校正因子的求取：将已知组分量(g)的标准混合溶液用“计算校正因子”的方法计算出校正因子。

(2)待测样品百分含量的计算(“校正归一”化法计算)。

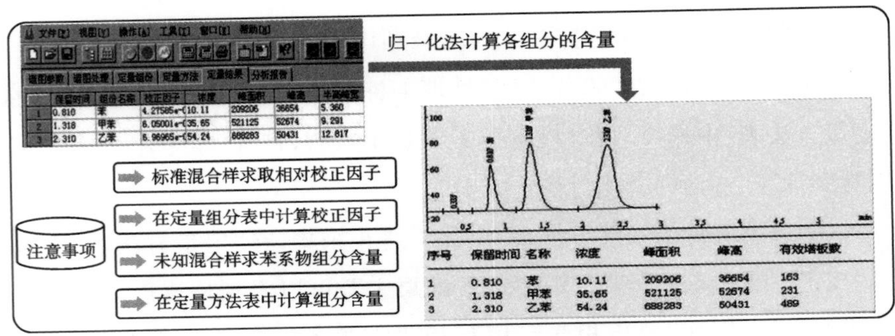

图 8-18　苯系物的定量分析

五、操作注意事项

(1)进样器取样前应用样品润洗 2～3 次；取样后需排气泡至所需体积；进样前，需将进样器针头残余液用滤纸擦净。

(2)进样和采样时，一只手用滤纸扶住针头慢慢完全插入进样口，另一只手注意不要碰进样器尾端；待针头完全插入后，进、推样在 1 s 内完成，同时按动数据采集器。

六、记录及分析结果

打印出实验结果，包括保留时间、组分名称及质量百分含量等数据结果的色谱图谱。

七、课堂提问

(1)保留值定性分析的原理是什么?

(2)如何用面积归一化法进行物质的定量分析?

实验二十　标准蛋白混合物的分离与检测

一、实验目的

(1)掌握 AKTA Purifier-900 型液相色谱仪的操作方法。

(2)掌握离子交换色谱分离蛋白质混合物的原理。

(3)掌握液相色谱定性分析方法。

(4)掌握液相色谱定量分析方法。

二、实验原理

(一)标准蛋白混合物的分离与检测——液相色谱仪

液相色谱是一种以液相为介质的色谱技术,广泛应用于化学、生物、医药、环境等领域。它通过样品分子在液相中的分配和吸附作用分离样品,从而实现对样品的定性和定量分析。如图 8-19 所示,高效液相色谱仪的主要组成部分:输液系统(1～2)、进样系统(3～4)、分离系统和检测系统(5～6)、数据处理系统(7～10)。液相色谱仪的工作原理基于样品分子在移动相(流动相)和固定相之间的分配和吸附作用。不同成分在移动相和固定相之间的分配系数不同,因此在色谱柱中会发生不同程度的分离。通过改变流动相的性质(如极性、离子强度、pH 值等)和色谱柱的填料类型,可以实现对不同样品的分离和分析。液相色谱仪可用于药物蛋白质的分离和检测。

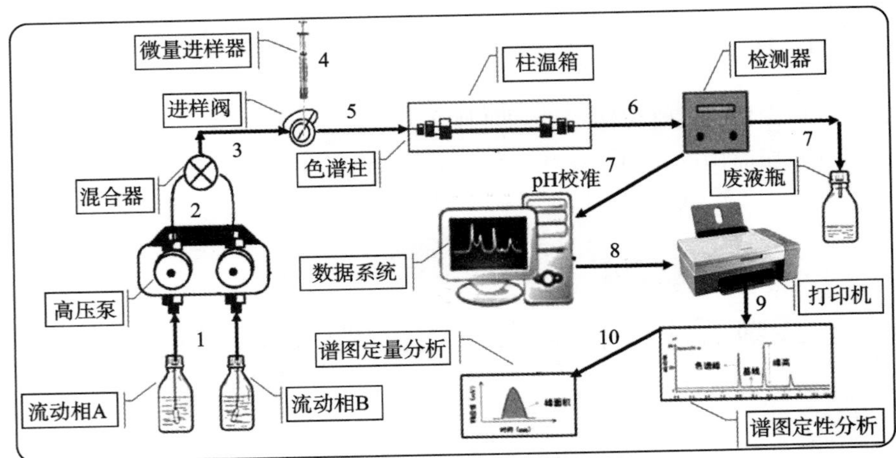

1—流动相；2—泵系统；3—进样阀；4—进样器；5—柱系统；
6—检测系统；7,8,9,10—数据系统。

图 8-19　高效液相色谱仪示意图

(二)液相色谱定性、定量原理(面积归一化法)

1. 定性原理

液相色谱法是利用物质在液固两相中的分配系数差异进行分离的一种分析方法。按照同一种蛋白质在相同色谱条件下的保留时间(t_R)一致，可进行液相色谱的定性分析。

2. 定量原理

确定各组分百分含量的方法，称为液相色谱的定量。根据样品的洗脱情况不同，通常的定量方法可分为内标法、外标法和面积归一化法 3 种。当混合蛋白样中所有组分均被洗脱时，可用面积归一化法计算各组分的含量，其计算公式如式(8-15)所示：

$$\%c=\frac{m_i}{m_1+m_2+m_3+m_4+\cdots+m_i}\times 100=\frac{f'_iA_i}{\sum\limits_{i=1}^{n}f'_iA_i}\times 100 \tag{8-15}$$

式中，f'_i 为相对校正因子，其大小等于某物质的绝对校正因子与标准物质的绝对校正因子的比值(式(8-16))：

$$f'_i=\frac{f_i}{f_s}=\frac{A_s m_i}{A_s m_i} \tag{8-16}$$

(三)离子交换色谱分离蛋白质混合物的原理

利用各蛋白质与固定相间静电作用大小的差异，在优化的色谱条件下(色谱柱、流动相、洗脱方式等),将带有不同正负电荷的蛋白质组分分开,其色谱图如图 8-20 所示。

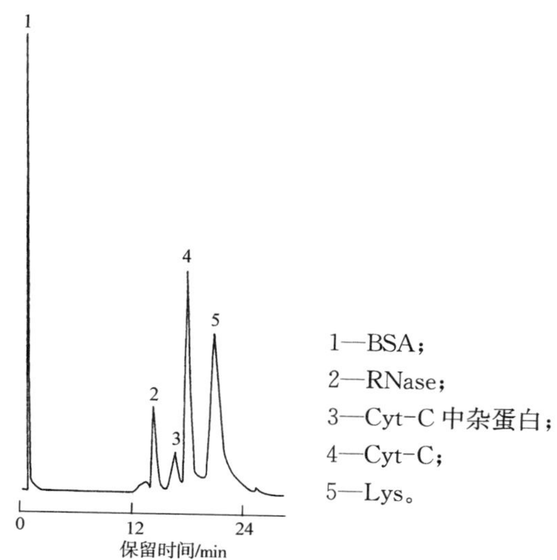

图 8-20　离子交换色谱柱分离标准蛋白混合物的色谱图

色谱条件如下:

色谱柱:IDA-柱(100 mm×4.6 mm I.D.)。

流动相:A,0.02 mol/L KH_2PO_4(pH=6.0);B,0.02 mol/L KH_2PO_4(pH=6.0)+0.5 mol/L NaCl。

梯度洗脱:20 min B 从 0 到 100%。

流速:1 mL/min。

检测器:UV (λ=280 nm)。

进样量:15 μL。

各蛋白浓度:2.0 mg/mL。

三、AKTA Purifier-900 型生物色谱仪的操作(图 8-21)

(一)开机

依次打开计算机、生物色谱仪主机,待色谱仪初始化完毕后,点击"Unicorn"图标,输入用户名和密码(均为"default"),则 UNICORN Messager、Method Editor、System Control、Evaluation 四个窗口同时弹出。

图 8-21　AKTA Purifier-900 型生物色谱仪

(二)样品测试操作

1. 手动式操作

(1)色谱柱的平衡:点击“System Control”窗口下的“Manual”菜单，选择“Alarm & Mon”窗口，设定色谱柱的最大限压和操作波长，点击“insert”；选择“Pump”窗口，设定操作流速，点击“insert”，再点击“Execute”，让色谱柱在上述条件下平衡；待基线平直后，在“Alarm & Mon”窗口中点击“Autozero UV”，进行自动校零，再在此条件下让柱子平衡几个柱体积。

(2)样品测试:选择“Flowpath”窗口，选择“inject”，点击“insert”，选择“Pump”窗口，设定洗脱方式和洗脱时间，点击“insert”；回到“Flowpath”窗口，将样品注入样品环，选择“inject”，点击“Execute”，开始进行样品的测试；当图谱中红线出现时(表明样品已进入系统)，选择“Flowpath”窗口中的“load”，让样品环复位。

(3)系统清洗:选择“Pump”窗口，设定清洗流速，依次将泵头放入水、10%的乙醇中清洗。

2. 自动操作

(1)方法编辑:在“Method Editor”中选择“新建”图标，选中“Method Editor”，点击“OK”，进入梯度编写程序。编写好后，在“File”中选择“save as”，将编辑好的方法保存到设定的文件夹下(一般为 C:\…\default\Method)。

(2)方法运行:在“System Control”中选择“Run”,然后从编辑的方法文件中选择出自己的方法文件,点击“OK”,在“Result name”对话框中点击“Browse”,选中保存实验结果数据的文件夹,给出文件名;将待测样品注入样品环,点击“Start”,开始进行样品测试。

(3)系统清洗:选择“Pump”窗口,设定清洗流速,依次将泵头放入水、10%的乙醇中清洗。

(三)数据处理

在“Evaluation”窗口中打开保存的数据文件,手动操作的数据结果应在“C:\…\default 中的 Manual Runs(System 1)”中按时间顺序查找;自动操作的数据结果应在“C:\…\default”中自己设定的文件中查找。选择“File”里“Open to Compare”中的“Curves”进行图谱对比。

(四)数据输出

在“Evaluation”窗口中打开保存的数据文件,得到色谱图,选择“File”里“Export”中的“Curves”,选中图谱的波长,点击“Select”确认后,点击“Export”;选择图谱输出路径及文件名,点击“OK”,从“Excel”中打开该文件,即可将色谱图由 ACSII 码转化为原始数据,该数据可用“Excel”或“Origin”作图软件作出对应的色谱图。

(五)关机

点击“System Control”中的“End”键,关闭“UNICORN Messager”,点击“System Control”,选中“Unlock”,点击“OK”,生物色谱仪主机系统退出(计算机与主机脱机),依次关闭生物色谱仪和计算机。

四、仪器和试剂

(一)仪器

AKTA Purifier-900 型液相色谱仪、IDA-硅胶柱、微量进样器。

(二)试剂

BSA、RNase、Cyt-C、Lys 标准液(1 mg/mL),以及标准蛋白混合液;其他试剂均为分析纯;水为二次蒸馏水。

五、实验内容

(一)标准蛋白的定性分析(表 8-6)

根据保留值,用蛋白单样标准液定性混合液中 4 个组分的流出顺序。

表 8-6　标准蛋白的定性分析记录表

c=1 mg/mL,进样量为 10 μL。

标准蛋白混合物	BSA	Cyt-C	RNase	Lys
t_R/min				

(二)标准蛋白的定量分析

用归一化法计算各蛋白组分的含量。

1. 校正因子的求取(表 8-7)

将已知组分量(g)的标准混合溶液用“计算校正因子”法计算出校正因子。

表 8-7　校正因子计算表

c=1 mg/mL,进样量 10 μL。

标准蛋白混合物	BSA	Cyt-C	RNase	Lys
m_i/g				

2. 待测样品百分含量的计算(“校正归一”化法计算)

根据式(8-15)计算待测样品的百分含量。

六、操作注意事项

(1)进样器取样前应用样品润洗 2～3 次;取样后,需排气泡至所需体积;进样前,需将进样器针头残余液用滤纸擦净。

(2)进样前,应用蒸馏水多次润洗进样环至润洗液排出。进推样应在 1 s 内完成,同时按动数据采集器。

(3)做完实验,需要用缓冲溶液清洗泵。

七、记录及分析结果

打印出实验结果,包括保留时间、组分名称及质量百分含量等数据结果的色谱图谱。

八、课堂提问

(1)离子交换色谱分离蛋白质混合物的机理是什么?

(2)保留值定性分析的原理是什么?

(3)如何用面积归一化法进行定量分析?

第四部分

附录

附录一 元素周期表——按元素符号首字母顺序排列

原子序数	元素名称	元素符号	原子量	原子序数	元素名称	元素符号	原子量
89	锕	Ac	227.00	109	Mt	Mt	266.00
47	银	Ag	107.87	7	氮	N	14.01
13	铝	Al	26.98	11	钠	Na	22.99
95	镅	Am	243.00	41	铌	Nb	92.91
18	氩	Ar	39.94	60	钕	Nd	144.20
33	砷	As	74.92	10	氖	Ne	20.17
85	砹	At	201.00	28	镍	Ni	58.69
79	金	Au	196.97	102	锘	No	259.00
5	硼	B	10.81	93	镎	Np	237.05
56	钡	Ba	137.33	8	氧	O	16.00
4	铍	Be	9.01	76	锇	Os	190.20
107	Bh	Bh	262.00	15	磷	P	30.97
83	铋	Bi	208.98	91	镤	Pa	231.04
97	锫	Bk	247.00	82	铅	Pb	207.20
35	溴	Br	79.90	46	钯	Pd	106.42
6	碳	C	12.01	61	钷	Pm	147.00
20	钙	Ca	40.08	84	钋	Po	209.00
48	镉	Cd	112.41	59	镨	Pr	140.91
58	铈	Ce	140.12	78	铂	Pt	195.08
98	锎	Cf	251.00	94	钚	Pu	244.00
17	氯	Cl	35.45	88	镭	Ra	226.03
96	锔	Cm	247.00	37	铷	Rb	85.47
27	钴	Co	58.93	75	铼	Re	186.21
24	铬	Cr	52.00	104	Rf	Rf	261.00
55	铯	Cs	132.91	86	氡	Rn	222.00
29	铜	Cu	63.54	44	钌	Ru	101.07

续表

原子序数	元素名称	元素符号	原子量	原子序数	元素名称	元素符号	原子量
105	Db	Db	262.00	16	硫	S	32.06
66	镝	Dy	162.50	51	锑	Sb	121.70
68	铒	Er	167.20	21	钪	Sc	44.96
99	锿	Es	254.00	34	硒	Se	78.90
63	铕	Eu	151.96	106	Sg	Sg	263.00
9	氟	F	19.00	14	硅	Si	28.09
26	铁	Fe	55.84	62	钐	Sm	150.40
100	镄	Fm	257.00	50	锡	Sn	118.60
87	钫	Fr	223.00	38	锶	Sr	87.62
64	钆	Gd	157.20	73	钽	Ta	180.95
32	锗	Ge	72.50	65	铽	Tb	158.93
31	镓	Gr	69.72	43	锝	Tc	99.00
1	氢	H	1.01	52	碲	Te	127.60
2	氦	He	4.00	90	钍	Th	232.04
72	铪	Hf	178.40	22	钛	Ti	47.90
80	汞	Hg	200.50	81	铊	Tl	204.30
67	钬	Ho	164.93	69	铥	Tm	168.93
108	Hs	Hs	265.00	92	铀	U	238.04
53	碘	I	126.91	112	Uub	Uub	277.00
49	铟	In	114.82	110	Uun	Uun	269.00
77	铱	Ir	192.20	114	Uuq	Uuq	—
19	钾	K	39.10	113	Uut	Uut	—
36	氪	Kr	83.80	111	Uuu	Uuu	272.00
57	镧	La	138.91	23	钒	V	50.91
3	锂	Li	6.94	74	钨	W	183.80
103	铹	Lr	260.00	54	氙	Xe	131.30
71	镥	Lu	174.97	39	钇	Y	88.91
101	钔	Md	258.00	70	镱	Yb	173.00
12	镁	Mg	24.31	30	锌	Zn	65.38
25	锰	Mn	54.94	40	锆	Zr	91.22
42	钼	Mo	95.94				

附录二 无机分析实验试剂

实验编号	实验名称	试剂名称	试剂作用	试剂准备
实验一	硫酸亚铁铵的制备及纯度检验	3.0 mol/L H_2SO_4	氧化剂，制备硫酸亚铁；调节 pH 值，防止 Fe^{2+} 水解或氧化	取浓硫酸 200 mL，缓缓倾入 1000 mL 去离子水中，静置室温后倒入试剂瓶中备用
		2.0 mol/L HCl	酸性条件，保证 Fe^{3+} 处于溶解的离子状态，避免 $Fe(OH)_3$ 沉淀的生成	取浓盐酸 200 mL，在通风橱中缓缓倾入 1000 mL 去离子水中，倒入试剂瓶中备用
		1.0 mol/L KSCN	制备标准色阶，测定 Fe^{3+} 含量	称取 97.2 g KSCN 溶于 1000 mL 去离子水中，倒入试剂瓶中备用
		Fe^{3+} 的标准溶液	制备标准色阶	准确称取 0.215 9 g $(NH_4)_2Fe(SO_4)_2 \cdot 6H_2O$ 溶于少量去离子水中，加入 4 mL 3 mol/L 硫酸，定量转移到 250 mL 容量瓶中，稀释至刻度备用
		固体 NH_4SO_4	制备硫酸亚铁铵	分析纯固体 NH_4SO_4 备用
		10% Na_2CO_3	清除铁屑表面油污	称取 100 g Na_2CO_3 溶于 900 mL 去离子水中，倒入试剂瓶中备用
		乙醇	减少晶体溶解；利用乙醇的挥发性去除晶体表面的水分	无水乙醇备用
		铁屑	还原剂，制备硫酸亚铁	铁屑粉末备用

续表

实验编号	实验名称	试剂名称	试剂作用	试剂准备
实验二	粗食盐的提纯	1.0 mol/L $BaCl_2$	去除 SO_4^{2-}	称取 244.3 g $BaCl_2 \cdot 2H_2O$ 溶于 1000 mL 去离子水中,倒入试剂瓶中备用
		2.0 mol/L HCl	去除 OH^-、CO_3^{2-}	取浓盐酸 200 mL,在通风橱中缓缓倾入 1000 mL 去离子水中,倒入试剂瓶中备用
		2.0 mol/L NaOH	去除 Mg^{2+}、Ca^{2+} 和 Ba^{2+}	称取 80 g NaOH 溶于 1000 mL 去离子水中,静置室温后倒入试剂瓶中备用
		1.0 mol/L Na_2CO_3	去除 Mg^{2+}、Ca^{2+} 和 Ba^{2+}	称取 106 g Na_2CO_3 溶于 1000 mL 去离子水中,倒入试剂瓶中备用
		饱和$(NH_4)_2C_2O_4$	检验 Ca^{2+}	于试剂瓶中加入大于 51 g 的$(NH_4)_2C_2O_4$ 固体和 1000 mL 去离子水,摇匀静置备用
		镁试剂	检验 Mg^{2+}	溶解 0.01 g 镁试剂于 1000 mL 1 mol/L NaOH 溶液中,倒入试剂瓶中备用
		乙醇	减少晶体溶解;利用乙醇的挥发性去除晶体表面的水分	无水乙醇备用
		粗食盐	提纯原料	选用未经提纯加工的 NaCl 固体备用
实验三	电解质在水溶液中的离子平衡	0.1 mol/L HCl	测定溶液的 pH 值;缓冲溶液性质验证 H^+ 的来源	取浓盐酸 10 mL,在通风橱中缓缓倾入 1190 mL 去离子水中,倒入试剂瓶中备用
		2.0 mol/L HCl		取浓盐酸 200 mL,在通风橱中缓缓倾入 1000 mL 去离子水中,倒入试剂瓶中备用
		0.1 mol/L HAc	测定溶液的 pH 值	取浓醋酸 10 mL,在通风橱中缓缓倾入 1690 mL 去离子水中,倒入试剂瓶中备用

续表

实验编号	实验名称	试剂名称	试剂作用	试剂准备
实验三	电解质在水溶液中的离子平衡	1.0 mol/L HAc	配制 HAc-NaAc 缓冲溶液	取浓醋酸 100 mL，在通风橱中缓缓倾入 1600 mL 去离子水中，倒入试剂瓶中备用
		0.1 mol/L Na_2S	生成难溶电解质 Ag_2S、PbS	溶解 24 g $Na_2S \cdot 9H_2O$ 和 4 g NaOH 于去离子水中，加去离子水稀释至 1000 mL，倒入试剂瓶中备用
		0.1 mol/L $NH_3 \cdot H_2O$	测定溶液的 pH 值；检验同离子效应	取浓 $NH_3 \cdot H_2O$ 10 mL，在通风橱中缓缓倾入 1490 mL 去离子水中，倒入试剂瓶中备用
		0.1 mol/L NaOH	测定溶液的 pH 值；缓冲溶液性质验证 OH^- 的来源	称取 4 g NaOH 溶于 1000 mL 去离子水中，静置室温后倒入试剂瓶中备用
		2.0 mol/L NaOH	难溶电解质的多相解离平衡及移动	称取 80 g NaOH 溶于 1000 mL 去离子水中，静置室温后倒入试剂瓶中备用
		0.1 mol/L NaAc	测定溶液的 pH 值	称取 8.2 g NaAc 溶于 1000 mL 去离子水中，倒入试剂瓶中备用
		1.0 mol/L NaAc	配制 HAc-NaAc 缓冲溶液	称取 82 g NaAc 溶于 1000 mL 去离子水中，倒入试剂瓶中备用
		0.1 mol/L NH_4Cl	测定溶液的 pH 值	称取 5.4 g NH_4Cl 溶于 1000 mL 去离子水中，倒入试剂瓶中备用
		饱和 NH_4Cl	同离子效应	于试剂瓶中加入大于 370 g 的 NH_4Cl 固体和 1000 mL 去离子水，摇匀静置备用
		0.5 mol/L Na_2CO_3	生成气体 CO_2	称取 53 g Na_2CO_3 溶于 1000 mL 去离子水中，倒入试剂瓶中备用
		0.1 mol/L $FeCl_3$	难溶电解质的多相解离平衡及移动	称取 16.2 g $FeCl_3$ 溶于 100 mL 6 mol/L 盐酸中，加水稀释至 1000 mL 备用

续表

实验编号	实验名称	试剂名称	试剂作用	试剂准备
实验三	电解质在水溶液中的离子平衡	0.1 mol/L $AgNO_3$	生成沉淀 Ag_2S	称取 17 g $AgNO_3$ 溶于 1000 mL 去离子水中，倒入试剂瓶中备用
		0.1 mol/L K_2CrO_4	生成沉淀 Ag_2CrO_4、$PbCrO_4$	称取 19.4 g K_2CrO_4 溶于 1000 mL 去离子水中，倒入试剂瓶中备用
		0.1 mol/L NaCl	生成沉淀 AgCl	称取 5.8 g NaCl 溶于 1000 mL 去离子水中，倒入试剂瓶中备用
		0.1 mol/L $Pb(NO_3)_2$	生成沉淀 PbS、$PbCrO_4$	称取 33.1 g $Pb(NO_3)_2$ 溶于 1000 mL 去离子水中，倒入试剂瓶中备用
		0.1 mol/L KSCN	Fe^{3+} 指示剂	称取 9.72 g KSCN 溶于 1000 mL 去离子水中，倒入试剂瓶中备用
		0.5 mol/L $Al_2(SO_4)_3$	生成难溶电解质 $Al(OH)_3$	称取 333.2 g $Al_2(SO_4)_3 \cdot 18H_2O$ 溶于 1000 mL 去离子水中，倒入试剂瓶中备用
		5% H_2O_2	氧化剂，沉淀的转化	取 30% H_2O_2 200 mL，加入 1000 mL 去离子水中，倒入试剂瓶中备用
		0.1%酚酞指示剂	碱性物质指示剂	称取 0.1 g 酚酞溶于 90 mL 乙醇中，加去离子水至 100 mL 倒入试剂瓶中备用
		0.1 mol/L $Zn(NO_3)_2$	生成沉淀 ZnS	称取 29.8 g $Zn(NO_3)_2 \cdot 6H_2O$ 溶于 1000 mL 去离子水中，倒入试剂瓶中备用
		0.1 mol/L $Cu(NO_3)_2$	生成沉淀 $Cu(OH)_2$	称取 24.2 g $Cu(NO_3)_2 \cdot 3H_2O$ 溶于 1000 mL 去离子水中，倒入试剂瓶中备用
		2.0 mol/L $NH_3 \cdot H_2O$	沉淀溶解	取 200 mL 浓 $NH_3 \cdot H_2O$，在通风橱中缓缓倾入 1300 mL 去离子水中，倒入试剂瓶中备用

续表

实验编号	实验名称	试剂名称	试剂作用	试剂准备
实验四	配位化合物的生成和性质	2.0 mol/L H_2SO_4	铜氨络离子的解离	取浓硫酸 100 mL,缓缓倾入 800 mL 去离子水中,静置室温后倒入试剂瓶中备用
		2.0 mol/L $NH_3 \cdot H_2O$	Ni^{2+}的鉴定	取浓 $NH_3 \cdot H_2O$ 200 mL,在通风橱中缓缓倾入 1300 mL 去离子水中,倒入试剂瓶中备用
		6.0 mol/L $NH_3 \cdot H_2O$	生成铜氨络离子溶液;生成氯化二氨合银	取浓 $NH_3 \cdot H_2O$ 400 mL,在通风橱中缓缓倾入 600 mL 去离子水中,倒入试剂瓶中备用
		0.1 mol/L NaOH	铜氨络离子的解离	称取 4 g NaOH 溶于 1000 mL 去离子水中,静置室温后倒入试剂瓶中备用
		2.0 mol/L NaOH	离子鉴定;生成沉淀	称取 80 g NaOH 溶于 1000 mL 去离子水中,静置室温后倒入试剂瓶中备用
		1.0 mol/L $BaCl_2$	离子鉴定;生成沉淀	称取 244.3 g $BaCl_2 \cdot 2H_2O$ 溶于 1000 mL 去离子水中,倒入试剂瓶中备用
		0.1 mol/L $FeCl_3$	简单盐;形成配合物	称取 16.2 g $FeCl_3$ 溶于 100 mL 6 mol/L 盐酸中,加去离子水稀释至 1000 mL 备用
		0.1 mol/L $CuSO_4$	离子鉴定;形成配合物	称取 16 g $CuSO_4$ 溶于 1000 mL 去离子水中,倒入试剂瓶中备用
		0.1 mol/L $K_3[Fe(CN)_6]$	配合物	称取 32.9 g $K_3[Fe(CN)_6]$溶于 1000 mL 去离子水中,倒入试剂瓶中备用
		0.1 mol/L $Pb(NO_3)_2$	形成配合物	称取 33.1 g $Pb(NO_3)_2$ 溶于 1000 mL 去离子水中,倒入试剂瓶中备用

续表

实验编号	实验名称	试剂名称	试剂作用	试剂准备
实验四	配位化合物的生成和性质	0.1 mol/L $NH_4Fe(SO_4)_2$	复盐	称取 48.2 g $NH_4Fe(SO_4)_2 \cdot 12H_2O$ 溶于 60 mL 3 mol/L 硫酸和 200 mL 去离子水中,加去离子水稀释至 1000 mL,备用
		0.1 mol/L KSCN	形成硫氰化铁络合物	称取 9.7 g KSCN 溶于 1000 mL 去离子水中,倒入试剂瓶中备用
		0.1 mol/L Na_2S	生成 AgS 沉淀	溶解 24 g $Na_2S \cdot 9H_2O$ 和 4 g NaOH 于去离子水中,加去离子水稀释至 1000 mL,倒入试剂瓶中备用
		0.1 mol/L NaCl	生成 AgCl 沉淀	称取 5.8 g NaCl 溶于 1000 mL 去离子水中,倒入试剂瓶中备用
		0.1 mol/L NaF	形成配合物	称取 4.2 g NaF 溶于 1000 mL 去离子水中,倒入试剂瓶中备用
		0.1 mol/L $Na_2S_2O_3$	生成硫代硫酸银络合物	称取 24.8 g $Na_2S_2O_3 \cdot 5H_2O$ 溶于 1000 mL 去离子水中,倒入试剂瓶中备用
		0.1 mol/L $AgNO_3$	生成 AgCl 沉淀	称取 17 g $AgNO_3$ 溶于 1000 mL 去离子水中,倒入试剂瓶中备用
		0.1 mol/L KBr	生成 AgBr 沉淀	称取 11.9 g KBr 溶于 1000 mL 去离子水中,倒入试剂瓶中备用
		0.1 mol/L $NiSO_4$	Ni^{2+} 的鉴定	称取 26.3 g $NiSO_4 \cdot 6H_2O$ 溶于 1000 mL 去离子水中,倒入试剂瓶中备用
		0.1 mol/L KI	还原剂;形成配合物;生成 AgI 沉淀	称取 16.6 g KI 溶于 1000 mL 去离子水中,倒入试剂瓶中备用

续表

实验编号	实验名称	试剂名称	试剂作用	试剂准备
实验四	配位化合物的生成和性质	2.0 mol/L KI	形成配合物	称取 332 g KI 溶于 1000 mL 去离子水中，倒入试剂瓶中备用
		0.1 mol/L $MgSO_4$	Mg^{2+} 的鉴定	称取 12 g $MgSO_4$ 溶于 1000 mL 去离子水中，倒入试剂瓶中备用
		0.05 mol/L EDTA 溶液	Mg^{2+} 的鉴定	称取 18.6 g $C_{10}H_{14}N_2Na_2O_8 \cdot 2H_2O$ 溶于 1000 mL 去离子水中，倒入试剂瓶中备用
		NH_3-NH_4Cl 缓冲溶液（pH=9.5）	Mg^{2+} 的鉴定	称取 54 g NH_4Cl 溶于去离子水中，加入 126 mL 浓 $NH_3 \cdot H_2O$，加去离子水稀释至 1000 mL，倒入试剂瓶中备用
		0.05%铬黑 T 溶液	Mg^{2+} 的鉴定	称取 0.6 g 铬黑 T，溶于 750 mL 三乙醇胺和 250 mL 甲醇中，倒入试剂瓶中备用
		1%丁二肟酒精溶液	Ni^{2+} 的鉴定	1 g 丁二肟溶于 100 mL 95%乙醇中，倒入试剂瓶中备用
		CCl_4	溶解 I_2	分析纯 CCl_4 备用
		95%乙醇	晶体析出	95%乙醇备用
实验五	氮、磷、锑和铋的化合物性质	2.0 mol/L HCl	磷酸盐的溶解；检验是否为碱性氢氧化物	取浓盐酸 200 mL，在通风橱中缓缓倾入 1000 mL 去离子水中，倒入试剂瓶中备用
		6.0 mol/L HCl	硫化物沉淀的溶解	取浓盐酸 500 mL，在通风橱中缓缓倾入 500 mL 去离子水中，倒入试剂瓶中备用
		1∶1 H_2SO_4	生成亚硝酸；强酸性介质	取浓硫酸 500 mL，缓缓倾入 500 mL 去离子水中，静置室温后倒入试剂瓶中备用

续表

实验编号	实验名称	试剂名称	试剂作用	试剂准备
实验五	氮、磷、锑和铋的化合物性质	浓 H_2SO_4	NO_3^-的鉴定	分析纯浓硫酸备用
		2.0 mol/L HNO_3	氧化剂	取浓硝酸 100 mL,缓缓倾入 700 mL 去离子水中,静置后倒入试剂瓶中备用
		浓 HNO_3	氧化剂;PO_4^{3-}的鉴定	分析纯浓硝酸备用
		2.0 mol/L NaOH	磷酸盐的溶解;生成两性氢氧化物;检验是否为酸性氢氧化物;生成 $Bi(OH)_3$;生成 $Sn(OH)_2$ 沉淀;生成亚锡酸钠溶液;鉴定 Bi^{3+}	称取 80 g NaOH 溶于 1000 mL 去离子水中,静置室温后倒入试剂瓶中备用
		2.0 mol/L HAc	NO_2^-的鉴定	取浓醋酸 100 mL,在通风橱中缓缓倾入 750 mL 去离子水中,倒入试剂瓶中备用
		0.5 mol/L Na_2S	生成硫化物	溶解 120 g $Na_2S \cdot 9H_2O$ 和 20 g NaOH 于去离子水中,加去离子水稀释至 1000 mL,倒入试剂瓶中备用
		0.1 mol/L KI	亚硝酸的氧化性	称取 16.6 g KI 溶于 1000 mL 去离子水中,倒入试剂瓶中备用
		0.1 mol/L $NaNO_3$	NO_3^-的鉴定	称取 8.5 g $NaNO_3$ 溶于 1000 mL 去离子水中,倒入试剂瓶中备用
		0.1 mol/L $NaNO_2$	亚硝酸的氧化性;亚硝酸的还原性;NO_2^-的鉴定	称取 6.9 g $NaNO_2$ 溶于 1000 mL 去离子水中,倒入试剂瓶中备用
		1.0 mol/L $NaNO_2$	生成亚硝酸	称取 69 g $NaNO_2$ 溶于 1000 mL 去离子水中,倒入试剂瓶中备用

续表

实验编号	实验名称	试剂名称	试剂作用	试剂准备
实验五	氮、磷、锑和铋的化合物性质	0.1 mol/L $MnSO_4$	还原剂	称取 16.9 g $MnSO_4 \cdot H_2O$ 溶于 1000 mL 去离子水中，倒入试剂瓶中备用
		0.01 mol/L $KMnO_4$	亚硝酸的还原性	称取 1.6 g $KMnO_4$ 溶于 1000 mL 去离子水中，倒入试剂瓶中备用
		0.1 mol/L Na_3PO_4	测定 pH 值；磷酸盐的生成；PO_4^{3-} 的鉴定	称取 38 g $Na_3PO_4 \cdot 12H_2O$ 溶于 1000 mL 去离子水中，倒入试剂瓶中备用
		0.1 mol/L Na_2HPO_4	测定 pH 值；磷酸盐的生成	称取 35.8 g $Na_2HPO_4 \cdot 12H_2O$ 溶于 1000 mL 去离子水中，倒入试剂瓶中备用
		0.1 mol/L NaH_2PO_4	测定 pH 值；磷酸盐的生成	称取 15.6 g $NaH_2PO_4 \cdot 2H_2O$ 溶于 1000 mL 去离子水中，倒入试剂瓶中备用
		0.1 mol/L $SnCl_2$	生成 $Sn(OH)_2$ 沉淀	溶解 22.6 g $SnCl_2 \cdot 2H_2O$ 于 330 mL 6 mol/L 盐酸中，加去离子水稀释至 1000 mL，倒入试剂瓶中备用。加入数粒纯 Sn 粒，以防氧化
		0.1 mol/L $CaCl_2$	磷酸盐的生成	称取 11.1 g $CaCl_2$ 溶于 1000 mL 去离子水中，倒入试剂瓶中备用
		0.1 mol/L $SbCl_3$	生成两性氢氧化物；生成硫化物；鉴定 Sb^{3+}	溶解 22.8 g $SbCl_3$ 于 330 mL 6 mol/L 盐酸中，加去离子水稀释至 1000 mL，倒入试剂瓶中备用
		0.1 mol/L $BiCl_3$	生成 $Bi(OH)_3$；生成硫化物；鉴定 Bi^{3+}	溶解 31.6 g $BiCl_3$ 于 330 mL 6 mol/L 盐酸中，加去离子水稀释至 1000 mL，倒入试剂瓶中备用
		固体 $NaBiO_3$	氧化剂	分析纯固体 $NaBiO_3$ 备用

续表

实验编号	实验名称	试剂名称	试剂作用	试剂准备
实验五	氮、磷、锑和铋的化合物性质	0.1 mol/L 钼酸铵试剂	PO_4^{3-}的鉴定	溶解 124 g $(NH_4)_6Mo_7O_{24}\cdot 4H_2O$ 于 1000 mL 去离子水中，将所得溶液倒入 1000 mL 6 mol/L 硝酸中，放置 24 h。取其澄清液倒入试剂瓶中备用
		固体 $FeSO_4\cdot 7H_2O$	NO_3^-的鉴定；NO_2^-的鉴定	分析纯固体 $FeSO_4\cdot 7H_2O$ 备用
		金属锡片	鉴定 Sb^{3+}	金属锡箔用剪刀剪成 1 cm×1 cm 方片备用
		单质硫粉末	还原剂	分析纯单质硫粉末备用
		锌粒	还原剂	分析纯锌粒备用
		1.0 mol/L $BaCl_2$	SO_4^{2-} 的鉴定	称取 244.3 g $BaCl_2\cdot 2H_2O$ 溶于 1000 mL 去离子水中，倒入试剂瓶中备用
		0.5%淀粉溶液	检验 I_2	称取 5 g 淀粉，用少量去离子冷水调成糊状，倒入 1000 mL 去离子沸水中，煮沸后冷却，倒入试剂瓶中备用
实验六	铬、锰、铁、钴、镍的化合物性质	2.0 mol/L H_2SO_4	酸性介质	取浓硫酸 100 mL，缓缓倾入 800 mL 去离子水中，静置室温后倒入试剂瓶中备用
		1∶1 H_2SO_4	酸性介质	取浓硫酸 500 mL，缓缓倾入 500 mL 去离子水中，静置室温后倒入试剂瓶中备用
		2.0 mol/L NaOH	制备 $Cr(OH)_3$；制备 $Mn(OH)_2$；制备 $Fe(OH)_2$；制备 $Co(OH)_2$；制备 $Ni(OH)_2$；制备 $Fe(OH)_3$；碱性介质	称取 80 g NaOH 溶于 1000 mL 去离子水中，静置室温后倒入试剂瓶中备用
		6.0 mol/L NaOH	溶解两性氢氧化物；Cr^{3+} 鉴定	称取 240 g NaOH 溶于 1000 mL 去离子水中，静置室温后倒入试剂瓶中备用

续表

实验编号	实验名称	试剂名称	试剂作用	试剂准备
实验六	铬、锰、铁、钴、镍的化合物性质	0.1 mol/L $MnSO_4$	制备 $Mn(OH)_2$;Mn^{2+} 鉴定	称取 16.9 g $MnSO_4 \cdot H_2O$ 溶于 1000 mL 去离子水中,倒入试剂瓶中备用
		5% H_2O_2	氧化剂;$Cr_2O_7^{2-}$ 鉴定;Cr^{3+} 鉴定	取 30% H_2O_2 200 mL,加入 1000 mL 去离子水中,倒入试剂瓶中备用
		2.0 mol/L $NH_3 \cdot H_2O$	生成镍配合物	取浓 $NH_3 \cdot H_2O$ 200 mL,在通风橱中缓缓倾入 1 300 mL 去离子水中,倒入试剂瓶中备用
		6.0 mol/L $NH_3 \cdot H_2O$	生成钴、镍配合物	取浓 $NH_3 \cdot H_2O$ 400 mL,在通风橱中缓缓倾入 600 mL 去离子水中,倒入试剂瓶中备用
		0.5 mol/L $NaSO_3$	还原剂	称取 63 g $NaSO_3$ 溶于 1000 mL 去离子水中,倒入试剂瓶中备用
		0.1 mol/L KI	还原剂	称取 16.6 g KI 溶于 1000 mL 去离子水中,倒入试剂瓶中备用
		2.0 mol/L HNO_3	$Cr_2O_7^{2-}$ 鉴定;Mn^{2+} 鉴定	取浓硝酸 100 mL,缓缓倾入 700 mL 去离子水中,静置后倒入试剂瓶中备用
		0.1 mol/L $NiSO_4$	制备 $Ni(OH)_2$;生成镍配合物	称取 26.3 g $NiSO_4 \cdot 6H_2O$ 溶于 1000 mL 去离子水中,倒入试剂瓶中备用
		0.01 mol/L $KMnO_4$	生成 K_2MnO_4;氧化剂	称取 1.6 g $KMnO_4$ 溶于 1000 mL 去离子水中,倒入试剂瓶中备用
		0.1 mol/L $CrCl_3$	制备 $Cr(OH)_3$;还原剂;Cr^{3+} 鉴定	溶解 26.7 g $CrCl_3 \cdot 6H_2O$ 于 30 mL 6 mol/L 盐酸中,加去离子水稀释至 1000 mL,倒入试剂瓶中备用

续表

实验编号	实验名称	试剂名称	试剂作用	试剂准备
实验六	铬、锰、铁、钴、镍的化合物性质	0.01 mol/L $K_2Cr_2O_7$	重铬酸盐与铬酸盐的转化；$Cr_2O_7^{2-}$ 鉴定	称取 2.9 g $K_2Cr_2O_7$ 溶于 1000 mL 去离子水中，倒入试剂瓶中备用
		0.1 mol/L $FeCl_3$	制备 $Fe(OH)_3$；氧化剂；Fe^{3+} 鉴定	称取 16.2 g $FeCl_3$ 溶于 100 mL 6 mol/L 盐酸中，加去离子水稀释至 1000 mL 备用
		0.1 mol/L $CoCl_2$	制备 $Co(OH)_2$	称取 23.8 g $CoCl_2 \cdot 6H_2O$ 溶于 1000 mL 去离子水中，倒入试剂瓶中备用
		1.0 mol/L NH_4Cl	生成钴、镍配合物	称取 53.5 g NH_4Cl 溶于 1000 mL 去离子水中，倒入试剂瓶中备用
		0.1 mol/L $K_4[Fe(CN)_6]$	Fe^{3+} 鉴定	称取 42.2 g $K_4[Fe(CN)_6] \cdot 3H_2O$ 溶于 1000 mL 去离子水中，倒入试剂瓶中备用
		0.1 mol/L $K_3[Fe(CN)_6]$	Fe^{2+} 鉴定	称取 32.9 g $K_3[Fe(CN)_6]$ 溶于 1000 mL 去离子水中，倒入试剂瓶中备用
		固体 MnO_2	生成 K_2MnO_4	分析纯固体 MnO_2 备用
		固体 $FeSO_4 \cdot 7H_2O$	制备 $Fe(OH)_2$；还原剂；Fe^{2+} 鉴定	分析纯固体 $FeSO_4 \cdot 7H_2O$ 备用
		固体 KSCN	Co^{2+} 鉴定	分析纯固体 KSCN 备用
		固体 $NaBiO_3$	Mn^{2+} 鉴定	分析纯固体 $NaBiO_3$ 备用
		1%丁二肟酒精溶液	Ni^{2+} 鉴定	1 g 丁二肟溶于 100 mL 95%乙醇中，倒入试剂瓶中备用
		丙酮	Co^{2+} 鉴定	分析纯丙酮备用
		乙醚	$Cr_2O_7^{2-}$ 鉴定；Cr^{3+} 鉴定	分析纯乙醚备用
		0.5%淀粉溶液	检验 I_2	称取 5 g 淀粉，用少量去离子冷水调成糊状，倒入 1000 mL 去离子沸水中，煮沸后冷却，倒入试剂瓶中备用

附录三　分析化学——化学分析实验试剂

实验编号	实验名称	试剂名称	试剂作用	试剂准备
实验七	分析器皿的认领与洗涤&天平的称量练习	石英砂	减量称量法称量练习	将干燥的石英砂装入称量瓶中，放入干燥器中备用
实验八	酸碱标准溶液的配制及浓度比较	1∶1 盐酸	配制 0.2 mol/L 盐酸试液	取浓盐酸（12 mol/L，AR），按等体积与蒸馏水混合均匀，装入小试剂瓶中备用
		氢氧化钠	配制 0.2 mol/L NaOH 试液	氢氧化钠（NaOH，AR）备用
		1%的酚酞指示剂	酸碱指示剂	称取 1 g 酚酞试剂溶于 100 mL 无水乙醇中，摇匀，装入滴瓶中备用
实验九	氢氧化钠标准溶液的标定	邻苯二甲酸氢钾	标定 0.2 mol/L NaOH 试液的基准物	将邻苯二甲酸氢钾（$HOOCC_6H_4COOK$，AR）基准物研磨至细，105 ℃烘 1 h，晾至室温分装至称量瓶中，放入干燥器中备用
		1%酚酞指示剂	标定 0.2 mol/L NaOH 试液的指示剂	称取 1 g 酚酞试剂溶于 100 mL 无水乙醇中，摇匀，装入滴瓶中备用
实验十	铵盐中氮含量的测定（甲醛法）	硫酸铵	铵盐中氮含量的测定试样	将硫酸铵（$(NH_4)_2SO_4$，AR）试剂分装至称量瓶中，放入干燥器中备用

续表

实验编号	实验名称	试剂名称	试剂作用	试剂准备
实验十	铵盐中氮含量的测定（甲醛法）	40%中性甲醛	甲醛与铵盐作用，生成六次甲基四胺和定量的强酸，进一步用 0.2 mol/L NaOH 进行标定	将甲醛试剂(40%，AR)倒入大烧杯中，用酚酞作指示剂，先用高浓度(1～2 mol/L)NaOH 溶液滴加至近中性，再用低浓度的 NaOH 溶液中和至微粉色(pH=7，可用酸度计或 pH 试纸测定)，装入小试剂瓶中备用
		1%酚酞指示剂	酸碱指示剂	称取 1 g 酚酞试剂溶于 100 mL 无水乙醇中，摇匀，装入滴瓶中备用
实验十一	EDTA 标准溶液的配制与标定	EDTA	配制 0.02 mol/L EDTA 试液	EDTA($C_{10}H_{14}N_2Na_2O_8$，AR)备用
		氧化锌	标定 0.02 mol/L EDTA 试液的基准物	将 ZnO(AR)基准物放在大号陶瓷蒸发皿中，800～1000 ℃下灼烧 2 h，晾至室温，研磨后分装至称量瓶中，放入干燥器中备用
		0.1%二甲基酚橙指示剂	金属指示剂	将 0.1 g 二甲基酚橙指示剂溶于 100 mL 蒸馏水中，摇匀装入滴瓶中备用
		1∶1 盐酸	配制 ZnO 标准溶液	取浓盐酸(12 mol/L，AR)，按等体积与蒸馏水混合均匀，装入小试剂瓶中备用
		1∶1 氨水	调节试液酸度	取浓氨水($NH_3 \cdot H_2O$)(15 mol/L，AR)，按等体积与蒸馏水混合均匀，装入小试剂瓶中备用
		20%六次甲基四胺	调节试液酸度，并生成六次甲基四胺缓冲溶液	取 20 g 六次甲基四胺(C_6HN_4，AR)加入 4 mL 浓盐酸(12 mol/L，AR)中，加蒸馏水稀释至 100 mL，装入小试剂瓶中备用

续表

实验编号	实验名称	试剂名称	试剂作用	试剂准备
实验十二	水的总硬度测定及硫代硫酸钠标准溶液的配制	水样	水的总硬度测定试样	水样储存备用(按所有学生实验用量总和的1.5倍储备)
		NH_3-NH_4Cl缓冲溶液(pH=10)	控制水试液的pH≈10	取54 g NH_4Cl(AR)试剂溶于蒸馏水中,加浓氨水($NH_3 \cdot H_2O$)(15 mol/L,AR)350 mL,用蒸馏水稀释至1 L。装入小试剂瓶中备用
		1%铬黑T指示剂	金属指示剂	将0.2 g铬黑T溶于15 mL三乙醇胺及5 mL甲醇中,摇匀,装入滴瓶中备用
		硫代硫酸钠	配制硫代硫酸钠标准溶液	硫代硫酸钠($Na_2S_2O_3 \cdot 5H_2O$,AR)备用
		无水碳酸钠	减少溶解在水中的CO_2和杀死水中的微生物,并防止$Na_2S_2O_3$分解	无水碳酸钠(Na_2CO_3,AR)备用
实验十三	硫代硫酸钠标准溶液的标定	重铬酸钾	标定$Na_2S_2O_3$标准溶液的基准物	将重铬酸钾($K_2Cr_2O_7$,AR)研磨后在130～140 ℃烘2 h以上,晾至室温,分装至称量瓶中,放入干燥器中备用
		10%碘化钾	与$K_2Cr_2O_7$反应生成I_2	将10 g碘化钾(KI,AR)溶于90 mL蒸馏水中,摇匀,装入棕色小试剂瓶中备用
		1%淀粉指示剂	专属指示剂	将1 g可溶性淀粉加少许水调成浆状,在搅拌下注入100 mL沸水中,微沸2 min,放置至室温,取上层溶液装入小试剂瓶中备用(若要保持稳定,可在研磨淀粉时加入1 mg HgI_2)
		1∶1盐酸	促进$K_2Cr_2O_7$与KI反应生成I_2	取浓盐酸(12 mol/L,AR),按等体积与蒸馏水混合均匀,装入小试剂瓶中备用

续表

实验编号	实验名称	试剂名称	试剂作用	试剂准备
实验十四	硫酸铜中铜含量的测定	五水硫酸铜	硫酸铜中铜含量的测定试样	五水硫酸铜（$CuSO_4 \cdot 5H_2O$，AR）研磨后分装至称量瓶中，放入无干燥剂的干燥器中备用
		10%碘化钾	与 $CuSO_4$ 反应生成 I_2	将 10 g 碘化钾（KI，AR）溶于 90 mL 蒸馏水中，摇匀，装入棕色小试剂瓶中备用
		1%淀粉指示剂	专属指示剂	将 1 g 可溶性淀粉加少许水调成浆状，在搅拌下注入 100 mL 沸水中，微沸 2 min，放置至室温，取上层溶液装入小试剂瓶中备用（若要保持稳定，可在研磨淀粉时加入 1 mg HgI_2）
		1 mol/L 硫酸	使试液保持酸性，防止铜盐水解	取 56 mL 浓硫酸（18 mol/L，AR），缓缓倾倒入 994 mL 水中，搅拌均匀，装入小试剂瓶中备用
		10%硫氰酸钾	使生成的 $C^{u}I$（$K_{sp}=5.06\times10^{-12}$）转化为溶解度更小的 $C^{u}SCN$（$K_{sp}=4.8\times10^{-15}$），使反应完全，提高测量结果	将 10 g 硫氰酸钾（KSCN，AR）溶于 90 mL 蒸馏水中，混合均匀，装入小试剂瓶中备用
实验十五	可溶性硫酸盐中硫含量的测定	1∶5 盐酸	适当提高酸度可防止生成 $BaCO_3$、$Ba(OH)_2$、$Ba_3(PO_4)_2$ 等沉淀，增加 $BaSO_4$ 的溶解度，降低其相对过饱和度，有利于获得颗粒较大的纯净而易于过滤的沉淀	取浓盐酸（12 mol/L，AR），按 1∶5 的体积与蒸馏水混合均匀，装入小试剂瓶中备用

续表

实验编号	实验名称	试剂名称	试剂作用	试剂准备
实验十五	可溶性硫酸盐中硫含量的测定	10%氯化钡	沉淀剂	取 10 g 氯化钡（$BaCl_2 \cdot 2H_2O$，AR）溶于 90 mL 蒸馏水中，混合均匀，装入小试剂瓶中备用
		0.1 mol/L 硝酸银	Cl^-检测剂	称取 17.5 g 硝酸银（$AgNO_3$，AR），加入适量水使之溶解，并稀释至 1000 mL，混匀，避光保存，装入棕色小滴瓶中备用

附录四 分析化学——仪器分析实验试剂

实验编号	实验名称	试剂名称	试剂作用	试剂准备
实验十六	邻二氮杂菲分光光度法测定铁	10 μg/mL 铁标准溶液	绘制吸收曲线和标准曲线	20 mL 1000 μg/mL 铁溶于 1980 mL 蒸馏水中，混匀，装入小试剂瓶中备用
		铁未知液	待测溶液	
		10%的盐酸羟胺溶液	金属 Fe^{3+} 还原剂	200 g 盐酸羟胺溶解定容到 2000 mL 蒸馏水中，装入小试剂瓶中备用
		1 mol/L NaAc 溶液	缓冲溶液，调节显色反应 pH 值	164 g NaAc 溶于 2 L 蒸馏水中，混匀，装入小试剂瓶中备用
		0.1%邻二氮杂菲（邻菲罗啉）溶液	显色剂	2 g 邻菲罗啉溶于 2 L 蒸馏水中，混匀，装入小试剂瓶中备用
实验十七	醋酸的电位滴定	0.1 mol/L NaOH 标准溶液	滴定剂	20.833 g 氢氧化钠加入 5 L 蒸馏水中，完全溶解，用邻苯二甲酸氢钾标定出准确浓度
		0.1 mol/L 醋酸溶液	待测酸溶液	28.7 mL 醋酸加入 5 L 蒸馏水中，混匀，装入小试剂瓶中备用
		pH=4 的邻苯二甲酸氢钾标准缓冲溶液	电极校准标准溶液	20.422 g 邻苯二甲酸氢钾溶于 2 L 蒸馏水中，装入小试剂瓶中备用

续表

实验编号	实验名称	试剂名称	试剂作用	试剂准备
实验十八	水中微量氟浓度的测定（离子选择电极法）	0.1 mol/L 氟标准溶液	标准加入法的加标试样	2.1 g 氟化钠溶到 500 mL 蒸馏水中，溶解，混匀，装入小试剂瓶中备用
		0.01 mol/L 氟标准溶液（F^{-1} 标液）	标准加入法的加标试样	150 mL 0.1 mol/L 氟标准溶液加入 1350 mL 蒸馏水中，放入聚乙烯瓶中，混匀，装入小试剂瓶中备用
		TISAB（总离子强度溶液）	控制反应体系的离子强度恒定不变	1000 mL 蒸馏水和 114 mL 冰醋酸、116 g NaCl、24 g 柠檬酸钠搅拌至溶解，缓慢加入 NaOH，用 pH 试纸检测 pH 值在 5.0～5.5 之间，冷却至室温，在容量瓶中用蒸馏水稀释至 1000 mL，装入小试剂瓶中备用
		10^{-4} 氟水样	待测试样	50 mL 0.01 mol/L 氟标液加入 5 L 蒸馏水中
实验十九	苯系物的分析（定性与定量）	苯	定性测试	称取 30 g 于小定量瓶中
		甲苯	定性测试	称取 30 g 于小定量瓶中
		乙苯	定性测试	称取 30 g 于小定量瓶中
		混合物	定量测试	分别称取 10 g 苯、20 g 甲苯、30 g 乙苯，混合均匀于小定量瓶中
实验二十	标准蛋白混合物的分离与检测	牛血清白蛋白 BSA	定性测试	1 mg 标准蛋白溶于 1 mL 蒸馏水中
		细胞色素 Cyt-C	定性测试	1 mg 标准蛋白溶于 1 mL 蒸馏水中
		核糖核酸酶 RNase	定性测试	1 mg 标准蛋白溶于 1 mL 蒸馏水中
		溶菌酶 Lys	定性测试	1 mg 标准蛋白溶于 1 mL 蒸馏水中
		标准混合物	定量测试	0.5 mg 四种标准蛋白溶于 1 mL 蒸馏水中

附录五 实验报告

实验一 硫酸亚铁铵的制备及纯度检验实验报告

报告日期：______________

年级专业/学号/姓名：______________________________

一、实验结果及分析

序号	实验项目	实验现象
1	还原铁粉初始质量 m_1/g	
	还原铁粉残余质量 m_2/g	
	反应的铁粉质量 m_3/g	
	生成的硫酸亚铁质量 m_4/g（请注明计算过程）	
	所需的硫酸铵质量 m_5/g（请注明计算过程）	
	硫酸亚铁铵理论质量 m_6/g（请注明计算过程）	
	硫酸亚铁铵实际质量 m_7/g	
	硫酸亚铁铵产率/%	
2	制备得到的硫酸亚铁铵产品形貌等级	

二、思考题

实验二 粗食盐的提纯实验报告

报告日期：____________________

年级专业/学号/姓名：______________________________________

一、实验结果及分析

序号	实验项目	实验现象
1	粗食盐初始质量 m_1/g	
	精盐质量 m_2/g	
	精盐产率/%	
	①滴加 $BaCl_2$ 溶液后是否有沉淀生成及沉淀颜色	
	②上层清液中再滴加少量 $BaCl_2$ 溶液，是否还有沉淀	
	①加入适量 NaOH 溶液、Na_2CO_3 溶液后是否有沉淀生成及沉淀颜色	
	②检验沉淀是否完全	
	制备得到的精盐的颜色及性状	
2	粗食盐和精盐中各加 $BaCl_2$ 溶液	
	粗食盐和精盐中各加 $(NH_4)_2C_2O_4$ 溶液	
	粗食盐和精盐中各加 NaOH 溶液及镁试剂	

二、思考题

实验三　电解质在水溶液中的离子平衡实验报告

报告日期：________________

年级专业/学号/姓名：________________________________

一、实验结果及分析

序号	实验项目	实验现象
1	①酸碱溶液的 pH 测定值	
	②酸碱溶液的 pH 计算值	
2	①5 mL 1.0 mol/L HAc 溶液和 5 mL 1.0 mol/L NaAc 溶液的缓冲溶液的 pH 测定值及 pH 计算值	
	②上述缓冲溶液中加入 3 滴 0.1 mol/L HCl 溶液后的 pH 测定值	
	③上述缓冲溶液中加入 3 滴 0.1 mol/L NaOH 溶液后的 pH 测定值	
	④去离子水代替缓冲溶液，分别加入 3 滴 0.1 mol/L HCl 或 NaOH 的 pH 测定值	
3	①同离子效应	
	②生成难溶电解质	
	③生成气体和难溶电解质	
4	①沉淀的生成与同离子效应	
	②沉淀的溶解	
	③沉淀的转化	
	④分步沉淀	

二、思考题

实验四 配位化合物的生成和性质实验报告

报告日期：________________

年级专业/学号/姓名：________________________________

一、实验结果及分析

序号	实验项目	实验现象
1	①简单离子的鉴定，分别说明两支试管中的现象	
	②配离子的生成与鉴定，分别说明两支试管中是否都有沉淀生成	
	③根据上述实验现象，说明 $CuSO_4$ 和 NH_3 所形成的配位化合物的组成	
2	配合物与复盐及简单盐的区别，分别说明 3 支试管中的现象	
3	①配离子的解离，分别说明 3 支试管中的现象	
	②配离子之间的相互转化，观察并记录溶液的变化	
	③配位平衡与沉淀溶解平衡，观察并记录现象	
	④配位平衡与氧化还原平衡，分别说明两支试管中的现象	
4	①$[Cu(NH_3)_4]SO_4 \cdot H_2O$ 的生成，记录晶体颜色	
	②$K_2[PbI_4]$ 的生成，记录对应的实验现象	
5	①Mg^{2+} 的鉴定，记录溶液的颜色变化	
	②Ni^{2+} 的鉴定，记录沉淀的颜色	

二、思考题

实验五　氮、磷、锑、铋的化合物性质实验报告

报告日期：________________

年级专业/学号/姓名：________________________________

一、实验结果及分析

序号	实验项目	实验现象
1	①硝酸与非金属的反应，两支试管中是否都有 SO_4^{2-} 生成	
	②硝酸与金属的反应，观察两支试管中的现象，并写出化学反应方程式	
	③NO_3^-的鉴定，是否有棕色环出现	
2	①亚硝酸的生成与性质，记录溶液的颜色和液面上气体的颜色	
	②亚硝酸的氧化性，记录反应现象	
	③亚硝酸的还原性，记录反应现象	
	④NO_2^-的鉴定，是否有棕色环出现	
3	①磷酸盐的酸碱性，pH 试纸测试值	
	②磷酸盐的溶解性，记录 3 支试管中的现象	
	③PO_4^{3-}的鉴定，记录现象	

续表

序号	实验项目	实验现象
4	①氧化值为＋3 的锑氢氧化物的酸碱性，记录现象，并说明 $Sb(OH)_3$ 的酸碱性	
	②氧化值为＋3 的铋氢氧化物的酸碱性，记录现象，并说明 $Bi(OH)_3$ 的酸碱性	
	③氧化值为＋5 的铋的氧化性，记录现象	
	④氧化值为＋3 的锑的硫化物，记录现象	
	⑤氧化值为＋3 的铋的硫化物，记录现象	
	⑥Sb^{3+} 的鉴定，记录现象	
	⑦Bi^{3+} 的鉴定，记录现象	

二、思考题

实验六 铬、锰、铁、钴、镍的化合物性质实验报告

报告日期：________________

年级专业/学号/姓名：________________________________

一、实验结果及分析

序号	实验项目	实验现象
1	① $Cr(OH)_3$ 的制备与性质，记录沉淀的颜色，是否有两性	
	② $Mn(OH)_2$ 的制备与性质，记录沉淀的生成，是否有两性，空气中沉淀颜色的变化	
2	① $CrCl_3$ 被氧化，记录溶液中的现象	
	②重铬酸盐与铬酸盐的相互转变，观察溶液的颜色变化	
	③ K_2MnO_4 的生成，观察上层清液的颜色	
	④高锰酸钾还原产物与介质的关系，根据实验现象作出结论	
3	① Cr^{3+} 或 $Cr_2O_7^{2-}$ 的鉴定，记录实验现象	
	② Mn^{2+} 的鉴定，记录实验现象	
4	① $Fe(OH)_2$ 的制备与性质，记录实验现象	
	② $Co(OH)_2$ 的制备与性质，记录实验现象	
	③ $Ni(OH)_2$ 的制备与性质，记录实验现象	
	④根据上述实验现象，总结氧化数为＋2 的铁、钴、镍的氢氧化物的酸碱性和还原性	

续表

序号	实验项目	实验现象
5	$Fe(OH)_3$ 的制备与性质,记录实验现象	
6	Fe^{2+} 盐的还原性与 Fe^{3+} 盐的氧化性,记录实验现象	
7	①氧化数为+2 的铁的配合物与 Fe^{3+} 的鉴定,记录实验现象	
	②氧化数为+3 的铁的配合物与 Fe^{2+} 的鉴定,记录实验现象	
8	①氧化数为+2 的钴的配合物,记录实验现象	
	②Co^{2+} 的鉴定,记录实验现象	
9	①镍的配合物,记录实验现象	
	②Ni^{2+} 的鉴定,记录实验现象	

二、思考题

实验七 分析器皿的认领与洗涤 & 天平的称量练习实验报告

报告日期：____________

年级专业/学号/姓名：____________________________

一、实验原理

减量称量法的称量原则是“先划范围后称量”。

二、实验结果

记录项目	编号		
	1	2	3
倒出前(称量瓶＋试样)的质量 m_1/g			
倒出后(称量瓶＋试样)的质量 m_2/g			
倒出试样的质量 $\Delta m=m_1-m_2/g$			
空烧杯的质量 w_1/g			
称量(空烧杯＋试样)的质量 w_2/g			
倒入试样的质量 $\Delta w=w_2-w_1/g$			
绝对误差 $\Delta m-\Delta w/g$			

三、实验结果分析与讨论

实验八　酸碱标准溶液的配制及浓度比较实验报告

报告日期：________________

年级专业/学号/姓名：________________________________

一、实验原理

利用指示剂颜色的突变指示酸碱反应的滴定终点。

二、实验结果

记录项目	编　号		
	1	2	3
NaOH 溶液终读数 $V_{NaOH终}$/mL			
NaOH 溶液初读数 $V_{NaOH初}$/mL			
$V_{NaOH}=V_{NaOH终}-V_{NaOH初}$/mL			
V_{HCl}/mL	25.00	25.00	25.00
V_{NaOH}/V_{HCl}			
V_{NaOH}/V_{HCl} 平均值			
偏差 S			
标准偏差 S_r			

三、实验结果分析与讨论

实验九　氢氧化钠标准溶液浓度的标定实验报告

报告日期：________________

年级专业/学号/姓名：________________________________

一、实验原理

$$KHC_8H_4O_4 + NaOH = KNaC_8H_4O_4 + H_2O$$

以 $KHC_8H_4O_4$ 为基准物，酚酞作指示剂，用 NaOH 溶液滴定至溶液的颜色呈粉红色且半分钟内不褪色，即为终点。根据 $KHC_8H_4O_4$ 的质量和 NaOH 溶液消耗的体积，确定 NaOH 标准溶液的浓度。计算公式如下：

$$c_{NaOH} = \frac{m_{KHC_8H_4O_4}}{V_{NaOH} \times \frac{M_{KHC_8H_4O_4}}{1000}}$$

二、实验结果

实验项目	编　号		
	1	2	3
倒出前(称量瓶+试样)质量 m_1/g			
倒出后(称量瓶+试样)质量 m_2/g			
$m_{KHC_8H_4O_4} = m_1 - m_2$/g			
NaOH 溶液终读数 $V_{NaOH终}$/mL			
NaOH 溶液初读数 $V_{NaOH初}$/mL			
$V_{NaOH} = V_{NaOH终} - V_{NaOH初}$/mL			
c_{NaOH}/(mol · L^{-1})			
c_{NaOH} 平均值/(mol · L^{-1})			
偏差 S			
标准偏差 S_r			

三、实验结果分析与讨论

实验十 铵盐中氮含量的测定(甲醛法)实验报告

报告日期:____________________

年级专业/学号/姓名:____

一、实验原理

$$4NH_4^+ + 6HCHO \rightleftharpoons (CH_2)_6N_4H^+ + 3H^+ + 6H_2O$$

$$H^+ + NaOH = Na^+ + H_2O$$

以酚酞作指示剂,用NaOH标准溶液滴定至溶液的颜色呈粉红色且半分钟内不褪色,即为终点。根据铵盐的质量、NaOH标准溶液的浓度和消耗的体积,计算铵盐中氮的含量。计算公式如下:

$$\omega_{NH_3} = \frac{c_{NaOH} \times V_{NaOH} \times \frac{M_{NH_3}}{1000}}{m_{铵盐}} \times 100\%$$

二、实验结果

实验项目	编 号		
	1	2	3
倒出前(称量瓶+试样)质量 m_1/g			
倒出后(称量瓶+试样)质量 m_2/g			
$m_{铵盐}=m_1-m_2$/g			
NaOH溶液终读数 $V_{NaOH终}$/mL			
NaOH溶液初读数 $V_{NaOH初}$/mL			
$V_{NaOH}=V_{NaOH终}-V_{NaOH初}$/mL			
ω_{NH_3}/%			
ω_{NH_3} 平均值/%			
偏差 S			
标准偏差 S_r			

三、实验结果分析与讨论

实验十一　EDTA 标准溶液的配制与浓度标定实验报告

报告日期：____________________

年级专业/学号/姓名：____

一、实验原理

$[ZnH_2I_n]^{2-}$（紫红色）$+Y^{4-} \rightleftharpoons ZnY^{2-}$（无色）$+H_2I_n^{4-}$（亮黄色）

以 ZnO 为基准物、二甲基酚橙（$H_2I_n^{4-}$）作指示剂，用 EDTA 溶液滴定至溶液的颜色由紫红色变为亮黄色，即为终点。根据 ZnO 的质量和消耗 EDTA 溶液的体积，可确定 EDTA 标准溶液的浓度。计算公式如下：

$$c_{EDTA}=\frac{m_{ZnO}\times\frac{V_{移}}{V_{容}}}{V_{EDTA}\times\frac{M_{ZnO}}{1000}}$$

二、实验结果

实验项目	编　号		
	1	2	3
倒出前（称量瓶＋试样）质量 m_1/g			
倒出后（称量瓶＋试样）质量 m_2/g			
$m_{ZnO}=m_1-m_2$/g			
容量瓶的体积 $V_{容}$/mL			
移取基准液的体积 $V_{移}$/mL			
EDTA 溶液终读数 $V_{EDTA终}$/mL			
EDTA 溶液初读数 $V_{EDTA初}$/mL			
$V_{EDTA}=V_{EDTA终}-V_{EDTA初}$/mL			
c_{EDTA}/(mol·L^{-1})			
c_{EDTA} 平均值/(mol·L^{-1})			
偏差 S			
标准偏差 S_r			

三、实验结果分析与讨论

实验十二 水的总硬度测定及硫代硫酸钠标准溶液的配制实验报告

报告日期：________________

年级专业/学号/姓名：________________________

一、实验原理

$MgHIn_n/CaHIn_n$（紫红色）$+Y^{4-} \rightleftharpoons MgY^{2-}/CaY^{2-}$（无色）$+HIn_n^{2-}$（纯蓝色）

在碱性条件下，以铬黑 T（HIn_n^{2-}）为指示剂，用 EDTA 标准溶液滴定至水样溶液的颜色由紫红色变为纯蓝色，即为终点。根据 EDTA 标准溶液的浓度、消耗的体积和水样的体积，可计算水的总硬度。计算公式如下：

$$硬度(°)=\frac{c_{EDTA}\times V_{EDTA}\times \frac{M_{CaO}}{1000}}{V_{水样}}\times 10^5$$

二、实验结果

实验项目	编 号		
	1	2	3
水样的体积 $V_{水}$/mL	100	100	100
EDTA 标准溶液终读数 $V_{EDTA终}$/mL			
EDTA 标准溶液初读数 $V_{EDTA初}$/mL			
$V_{EDTA}=V_{EDTA终}-V_{EDTA初}$/mL			
c_{EDTA}/(mol·L^{-1})			
水的总硬度/(°)			
水的总硬度平均值/(°)			
偏差 S			
标准偏差 S_r			

三、实验结果分析与讨论

实验十三 硫代硫酸钠标准溶液的标定实验报告

报告日期：________________

年级专业/学号/姓名：________________________________

一、实验原理

$$Cr_2O_7^{2-}+6I^-+14H^+=2Cr^{3+}+3I_2+7H_2O$$

$$I_2+2S_2O_3^{2-}=2I^-+S_4O_6^{2-}$$

在酸性条件下，采用间接碘量法，以 $K_2Cr_2O_7$ 为基准物、淀粉为专属指示剂，用 $Na_2S_2O_3$ 标准溶液滴定至溶液蓝色褪去，即为终点。根据 $K_2Cr_2O_7$ 的质量和消耗 $Na_2S_2O_3$ 标准溶液的体积，可计算 $Na_2S_2O_3$ 标准溶液的浓度。计算公式如下：

$$c_{Na_2S_2O_3}=\frac{m_{K_2Cr_2O_7}\times\frac{V_{移}}{V_{容}}}{V_{Na_2S_2O_3}\times\frac{M_{K_2Cr_2O_7}}{1000}}\times 6$$

二、实验结果

实验项目	编 号		
	1	2	3
倒出前(称量瓶+试样)质量 m_1/g			
倒出后(称量瓶+试样)质量 m_2/g			
$m_{K_2Cr_2O_7}=m_1-m_2$/g			
容量瓶的体积 $V_{容}$/mL			
移取基准液的体积 $V_{移}$/mL			
$Na_2S_2O_3$ 溶液终读数 $V_{Na_2S_2O_3终}$/mL			
$Na_2S_2O_3$ 溶液初读数 $V_{Na_2S_2O_3初}$/mL			
$V_{Na_2S_2O_3}=V_{Na_2S_2O_3终}-V_{Na_2S_2O_3初}$/mL			
$c_{Na_2S_2O_3}$/(mol·L^{-1})			
$c_{Na_2S_2O_3}$ 平均值/(mol·L^{-1})			
偏差 S			
标准偏差 S_r			

三、实验结果分析与讨论

实验十四　硫酸铜中铜含量的测定实验报告

报告日期：＿＿＿＿＿＿＿＿＿＿＿＿

年级专业/学号/姓名：＿＿＿＿＿＿＿＿＿＿＿＿＿＿＿＿＿＿＿＿

一、实验原理

$$2Cu^{2+}+4I^- = 2CuI\downarrow + I_2$$

$$I_2+2S_2O_3^{2-} = S_4O_6^{2-}+2I^-$$

在酸性条件下，采用间接碘量法，加入过量KI溶液，以淀粉为专属指示剂，用$Na_2S_2O_3$标准溶液滴定至溶液蓝色褪去，即为终点。根据铜盐的质量、$Na_2S_2O_3$标准溶液的浓度和消耗的体积，可计算铜盐中的铜含量。计算公式如下：

$$\omega_{Cu}=\frac{c_{Na_2S_2O_3}\times V_{Na_2S_2O_3}\times\frac{M_{Cu}}{1000}}{m_{CuSO_4}}\times 100\%$$

二、实验结果

实验项目	编　号		
	1	2	3
倒出前(称量瓶＋试样)质量 m_1/g			
倒出后(称量瓶＋试样)质量 m_2/g			
$m_{CuSO_4}=m_1-m_2/g$			
$Na_2S_2O_3$ 标准溶液终读数$V_{Na_2S_2O_3终}/mL$			
$Na_2S_2O_3$ 标准溶液初读数$V_{Na_2S_2O_3初}/mL$			
$V_{Na_2S_2O_3}=V_{Na_2S_2O_3终}-V_{Na_2S_2O_3初}/mL$			
$\omega_{Cu}/\%$			
ω_{Cu} 平均值/%			
偏差 S			
标准偏差 S_r			

三、实验结果分析与讨论

实验十五 可溶性硫酸盐中硫含量的测定实验报告

报告日期：________________

年级专业/学号/姓名：________________________________

一、实验原理

$$SO_4^{2-} + BaCl_2(过量) \rightarrow BaSO_4\downarrow + 2Cl^-$$

二、实验结果

实验项目	编号	
	1	2
倒出前(称量瓶＋试样)的质量 m_1/g		
倒出后(称量瓶＋试样)的质量 m_2/g		
倒出试样的质量 $\Delta m = m_1 - m_2$/g		
$BaSO_4$＋坩埚的质量/g	① ②	① ②
坩埚的质量/g	① ②	① ②
滤纸灰分的质量/g		
$BaSO_4$ 的质量/g		
$\omega_{SO_4^{2-}}$/%		
$\omega_{SO_4^{2-}}$ 平均值/%		

三、实验结果分析与讨论

实验十六　邻二氮杂菲分光光度法测定铁实验报告

报告日期：________________

年级专业：________________

完成人(姓名+学号)：________________________________

比色皿：1 cm　　　　光源电压：6～12 V

一、吸收曲线的测绘

波长 λ/nm	吸光度 A/mAu
570	
550	
530	
520	
510	
500	
490	
470	
450	
430	

二、标准曲线的测绘与铁含量的测定

试液编号	标准溶液的量 V/mL	总铁含量 c/μg	吸光度 A/mAu
1	0.0	0	
2	2.0	20	
3	4.0	40	
4	6.0	60	
5	8.0	80	
6	10.0	100	
未知液			

工作曲线(图自己画)

$c_{未知液}$ =

三、实验结果分析与讨论

实验十七 醋酸的电位滴定(间接电位法)实验报告

报告日期:________________

年级专业:________________

完成人(姓名+学号):________________________________

一、实验数据记录

V_{NaOH}/mL	pH	$\Delta pH/\Delta V$	$\Delta^2 pH/\Delta V^2$

二、酸碱电位滴定曲线(pH-V 图,自己画)

三、实验数据处理与分析结果

(一)计算滴定终点时消耗的 NaOH 溶液的体积数($V_{终点}$)(内插法)

$$V=V_1+\frac{V_2-V_1}{\left(\frac{\Delta pH}{\Delta V}\right)_1-\left(\frac{\Delta pH}{\Delta V}\right)_2}\times\left[\left(\frac{\Delta pH}{\Delta V}\right)_1-\left(\frac{\Delta pH}{\Delta V}\right)\right]$$

(二)计算 HAc 的准确浓度(c_{HAc})

$$c_{HAc}=\frac{V_{终点}\times c_{NaOH}}{20.00}$$

(三)计算 HAc 的 pK_a 值($\frac{1}{2}V_{终点}$时对应的 pH 值)(内插法)

$$pK_a=(pH)_1+\frac{(pH)_2-(pH)_1}{V_2-V_1}\times\left(\frac{1}{2}V_{终点}-V_1\right)$$

四、实验结果分析与讨论

实验十八 水中微量氟浓度的测定(离子选择电极法)实验报告

报告日期:________________

年级专业:________________

完成人(姓名+学号):________________________________

一、实验数据记录

参数	编号	
	1	2
E_0/mV		
E_1/mV		
E_2/mV		
E_3/mV		
$\Delta c/(\mathrm{mol \cdot L^{-1}})$		
S/mV		

二、实验数据处理与分析结果

计算水中微量 F^- 的浓度(c_{F^-}):

$$c_x = \frac{\Delta c}{10^{(E_2 - E_1)/S} - 1}$$

$$c_{F^-} = 2 \times c_x$$

三、实验结果分析与讨论

实验十九　苯系物的分析(定性与定量)实验报告

报告日期：________________

年级专业：________________

完成人(姓名+学号)：____

一、苯系物的定性分析

根据保留值，用苯、甲苯和乙苯的单样标准液定性混合液中的 3 个组分。

色谱图(附上实验结果)

二、苯系物的定量分析

归一化法计算各组分的含量表。

(附上实验结果)

三、实验结果分析与讨论

实验二十　标准蛋白混合物的分离与检测
实验报告

报告日期：________________

年级专业：________________

完成人(姓名+学号)：________________________________

一、标准蛋白混合物的分离

按照优化色谱条件分离。

色谱图(附上实验结果)

二、标准蛋白质的定性分析

根据保留值,用各单样的标准液定性混合液中 4 个组分的流出顺序。

色谱图(附上实验结果)

三、标准蛋白质的定量分析

用归一化法计算各组分的含量。

表(附上实验结果)

四、实验结果分析与讨论